Prix : **75** centime

# BIBLIOTHÈQUE POUR TOUS

## Georges **BRUNEL**

Professeur au Laboratoire d'Études physiques.

*122*

## LA

# SCIENCE

## A LA MAISON

(150 FIGURES)

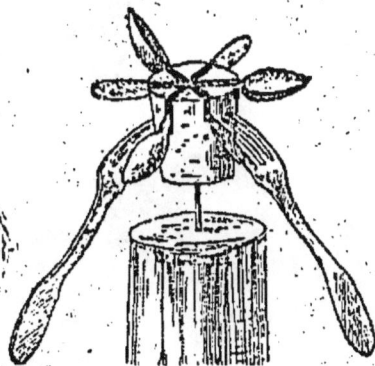

### PARIS

## LIBRAIRIE MARPON & FLAMMARION

E. FLAMMARION, SUCC[r]

26, RUE RACINE, PRÈS L'ODÉON

# LA SCIENCE A LA MAISON

# DU MÊME AUTEUR

---

## POUR PARAITRE PROCHAINEMENT

**I. L'Électricité chez soi.** — Sonneries. — Appels. Tableaux indicateurs. — Lumière.

**II. Procédés utiles et recettes indispensables à la famille.**

PARIS. — IMP. C. MARPON ET E. FLAMMARION, RUE RACINE, 26.

# LA SCIENCE

## A LA MAISON

### EXPÉRIENCES AMUSANTES

DE

## Physique, de Chimie et de Géométrie

SUIVIES DE

QUELQUES JEUX ET RÉCRÉATIONS SCIENTIFIQUES

PAR

### Georges BRUNEL

Professeur au Laboratoire d'études physiques.

———

*150 Gravures et Figures, par L. ADAM.*

———

## PARIS

### LIBRAIRIE MARPON & FLAMMARION

#### E. FLAMMARION, SUCC<sup>r</sup>

26, RUE RACINE, PRÈS L'ODÉON

—

# QUELQUES MOTS AUX LECTEURS

———

Rassurez-vous, chers lecteurs, je serai bref. Une préface se lit peu ou prou et n'ajoute jamais au mérite d'un ouvrage; je le sais.

Seulement permettez-moi de vous présenter ce livre. Son seul but est de démontrer que l'on peut vérifier de nombreux phénomènes scientifiques sans le secours d'aucun appareil coûteux. Les expériences présentées sont toutes simples, faciles à réaliser à l'aide d'objets usuels. Quelques-unes un peu plus compliquées sont néanmoins abordables; du reste si elles embarrassent on a le choix parmi les autres.

Et si ce livre, sans aucune prétention,

1

vient vous délasser de vos travaux et vous
procurer quelques heures agréables en même
temps que profitables, ce sera la meilleure
récompense de l'auteur.

G. B.

Paris, mars 1892.

# LA SCIENCE

## A LA MAISON

### EXPÉRIENCES AMUSANTES

DE

## PHYSIQUE, DE CHIMIE ET DE GÉOMÉTRIE

---

### LA PILE DE DAMES

La matière est inerte, lisez-vous dans tous les traités de physique. Voici une expérience bien simple et à la portée de tout le monde pour démontrer cette vérité.

Prenez une pile de dames, d'un jeu de ce nom, composée d'une dizaine, comme l'indique la gravure.

Devant cette colonne, vous mettez une dame sur
champ et vous la lancez contre la pile, en faisant
glisser votre doigt fortement le long de sa circonférence ; la dame ainsi lancée ira toucher la colonne,
se butera contre une des dames et la fera sortir
complètement sans que l'équilibre des autres soit
le moins du monde rompu ; la colonne tout entière
descendra sur la dame en dessous, sans se déranger..

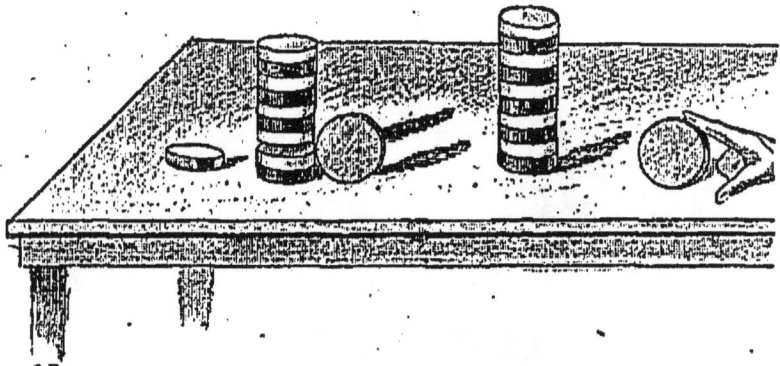

Fig. 1. — La pile de dames.

En effet, la force d'impulsion se faisant sentir sur
la dame touchée, elle quitte la pile, sans transmettre son mouvement aux autres dames qui, obéis-
sant, elles, à la force de pesanteur, descendent verticalement prendre la place laissée libre.

On peut également varier cette expérience en se
servant d'un couteau. En frappant horizontalement

un coup bien sec sur l'une des dames, on la fera
sortir de la pile sans déranger la symétrie des autres.

~~~~~~~~~

# FILER... COMME UNE CARTE A JOUER

Fig. 2. — Filer... comme une carte à jouer.

Ce principe de l'inertie va nous fournir encore

quelques expériences aussi curieuses que concluantes.

Sur une carafe, posez une carte à jouer ou une carte de visite et mettez dessus une pièce de monnaie, pas trop grosse, de manière qu'elle puisse passer dans le col de la carafe. Cette pièce doit être posée juste au-dessus de l'ouverture du col. Si à l'aide d'une chiquenaude, donnée vigoureusement sur un côté de la carte, dans le sens horizontal, vous réussissez à chasser cette carte (ce qui est très facile), la pièce tombera juste au fond de la carafe. Le phénomène suivant se sera produit : le mouvement aura été trop rapide pour être transmis à la pièce de monnaie et la carte seule sera chassée. La pièce, n'étant plus soutenue, tombera nécessairement, sans avoir été déviée d'une ligne de sa position.

## LA PIÈCE OBÉISSANTE

Prenez une boîte d'allumettes suédoises et ôtez le tiroir qui s'y trouve. Tenez cette boîte horizontalement et déposez vers le milieu, sur la face supérieure, une piécette, 20 ou 50 centimes, par exemple. Pour la faire entrer dans l'intérieur sans y toucher,

il vous suffira de donner de légers coups avec le doigt
du côté par lequel vous désirerez que votre piécette
arrive ; bientôt elle sera sur le bord, vous basculerez

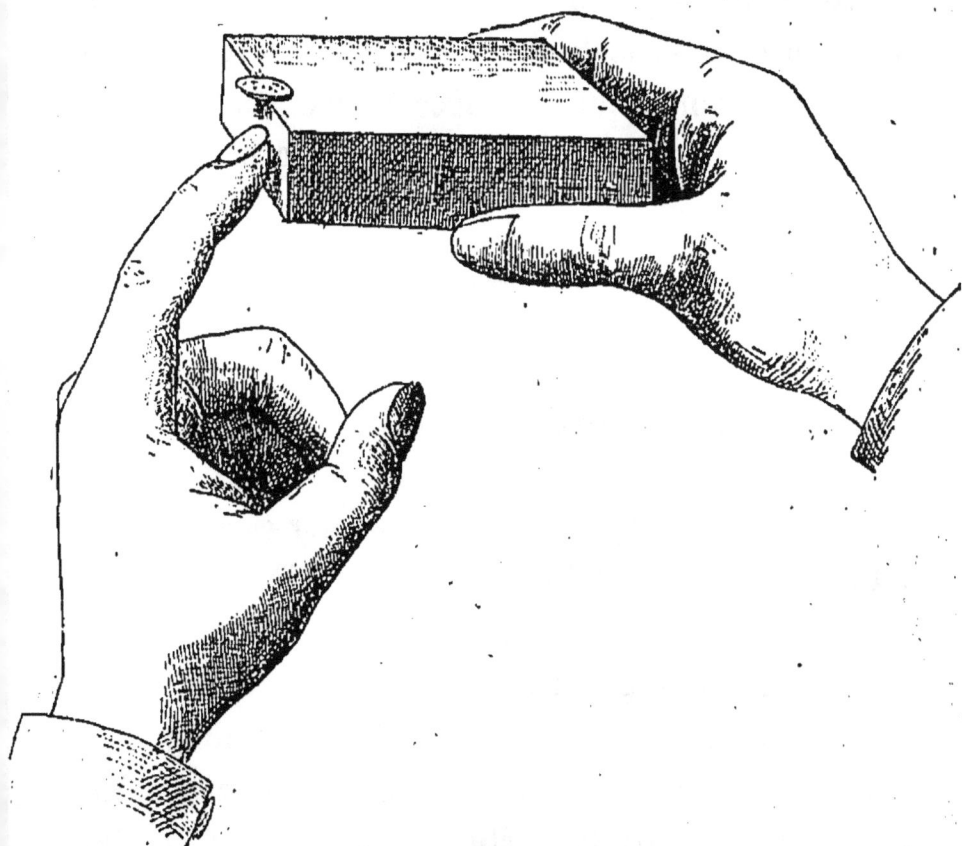

Fig. 3. — La pièce obéissante.

alors la boîte légèrement en élevant le côté où se
trouve la piécette, de façon qu'elle soit en équilibre
sur le bord, encore un léger coup de doigt et elle
tombera dans l'intérieur.

Lorsque vous donnez de légers coups sur la boîte, vous repoussez cette dernière et lui imprimez à chaque choc un mouvement auquel ne participe pas la pièce qui reste *immobile*. En réalité, il se produit au coup de doigt un mouvement rétrograde de la boîte, et cette série de chocs finit par reculer la boîte jusqu'au moment où la pièce arrive sur le bord. Cette petite expérience est très curieuse et s'exécute facilement.

~~~~~~~~~

## LA PIÈCE INSENSIBLE

Coupez une bandelette de papier-carte de 12 à 15 centimètres de longueur de manière à former un cercle, et maintenez les deux extrémités à l'aide d'une épingle ou d'un peu de colle. Votre cercle formé, placez-le en équilibre sur le goulot d'une carafe ou d'une bouteille et mettez une pièce de 50 centimes sur la partie supérieure du cercle, de manière que cette pièce soit placée juste au-dessus du goulot. Le tout ainsi disposé, il s'agit d'enlever le cercle de papier de façon à faire tomber la pièce de monnaie au fond de la bouteille. Vous obtiendrez ce résultat en donnant vivement un coup de doigt sur la partie interne du cercle, comme l'indique du reste

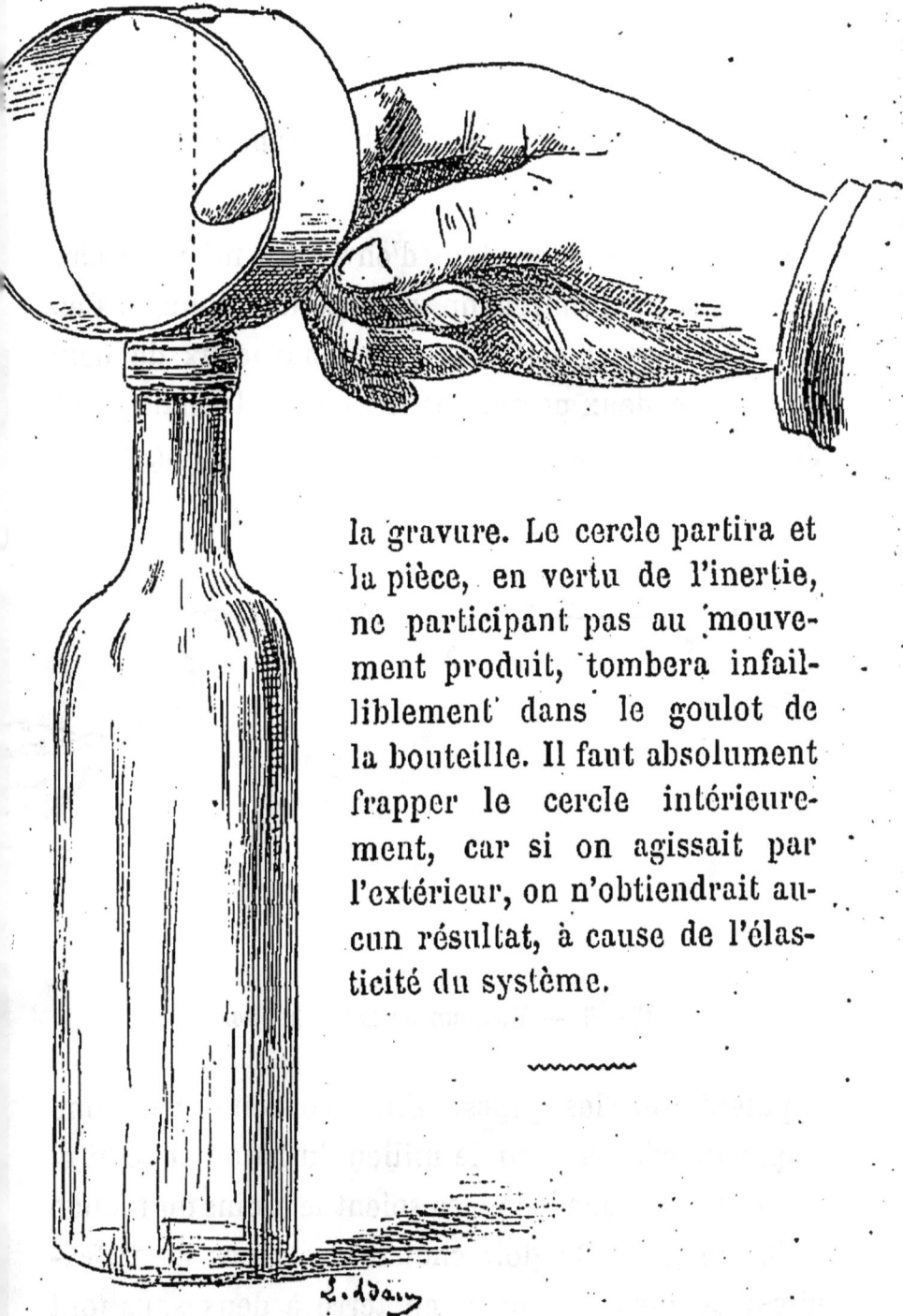

la gravure. Le cercle partira et la pièce, en vertu de l'inertie, ne participant pas au mouvement produit, tombera infailliblement dans le goulot de la bouteille. Il faut absolument frapper le cercle intérieurement, car si on agissait par l'extérieur, on n'obtiendrait aucun résultat, à cause de l'élasticité du système.

Fig. 4. — La pièce insensible.

## UN COUP DE BATON HABILE

On prend un bâton, long d'environ 1 mètre. A chacune de ses extrémités on y plante une épingle. Cela
fait, on pose ce bâton sur les fourneaux de deux
pipes, que deux personnes tiennent à la main, mais
de manière à ce qu'il n'y ait que les épingles qui

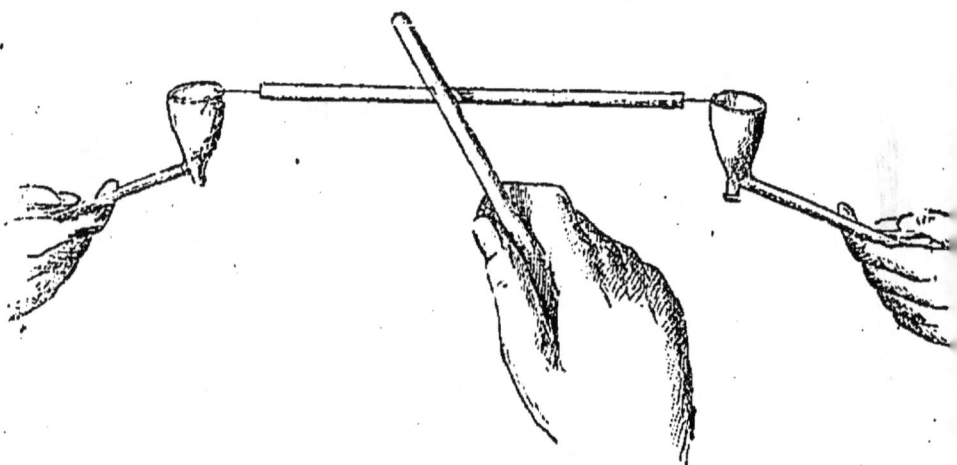

Fig. 5. — Un coup de bâton habile.

appuient sur les pipes. Une troisième personne
frappe un coup sec sur le milieu du bâton et celui-ci
se rompt sans que les pipes soient le moins du monde
endommagées. On doit choisir des pipes assez fra-
giles; de modestes pipes en terre à deux sous font

très bien l'affaire : cela donne plus de cachet à l'expérience.

L'effet mécanique dû au choc n'a pas le temps de se propager (inertie) et n'atteint que l'endroit même où est donné le coup, ce qui amène la rupture de la baguette.

~~~~~~

## UN CONTRE-COUP

Sur le goulot d'une bouteille, placez un bouchon verticalement. Le bouchon doit être suffisamment large pour reposer sur les bords du goulot sans s'y enfoncer.

Projetez maintenant à l'aide d'une pichenette un petit coup sec sur le col de la bouteille, vous verrez le bouchon tomber, non de l'autre côté de la bouteille, mais en avant, dans le sens de la main donnant le coup. Cela a lieu encore en raison du principe d'inertie. Un coup rapide tend à pousser la bouteille loin du bouchon, avant que le mouvement soit transmis au bouchon lui-même.

Peu de personnes exécuteront convenablement cette expérience dès la première fois, car la peur ins-

tinctive de briser la bouteille ou de se blesser les
doigts empêche de donner un coup assez fort pour

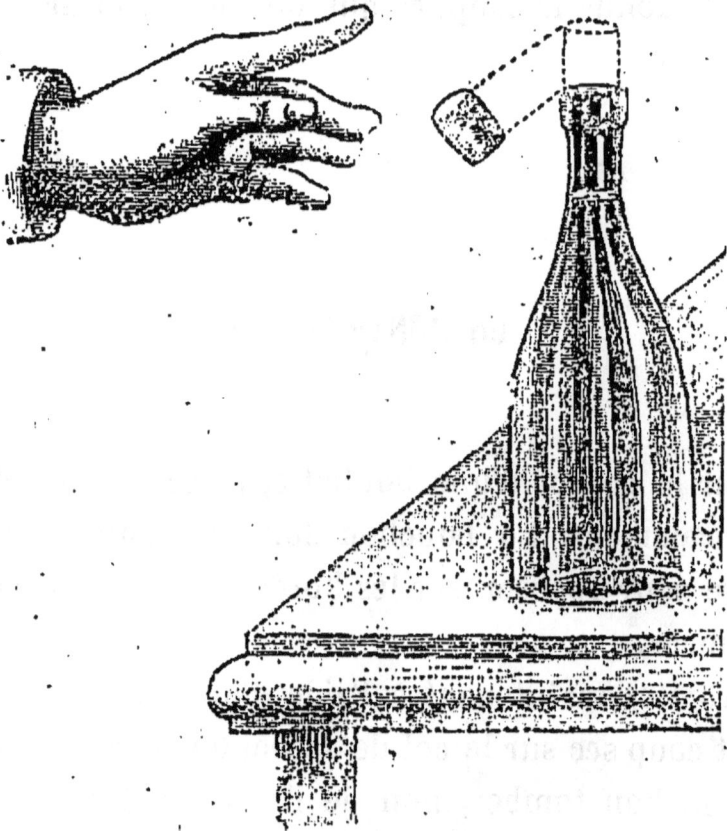

Fig. 6. — Un contre-coup.

réaliser cette expérience; néanmoins, avec un peu
de persévérance, on y arrivera assez vite.

## L'ÉQUILIBRE D'UN COUTEAU DANS L'ESPACE

Rassurez-vous, lecteurs, nous n'allons pas vous demander de faire un équilibre dans l'espace... intersidéral, ce serait trop loin pour nos faibles moyens de locomotion. Dans l'espèce, il s'agit tout simplement de faire tenir un couteau horizontalement dans

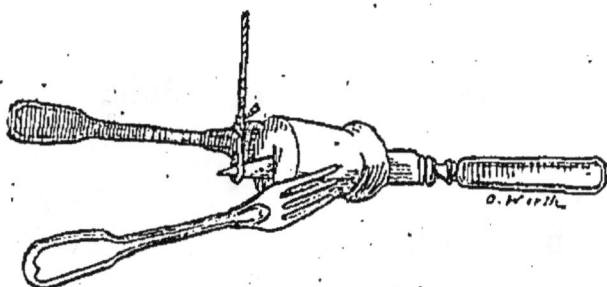

Fig. 7. — L'équilibre d'un couteau dans l'espace.

l'espace qui nous environne. L'expérience est curieuse et facile à exécuter.

Vous prenez un bouchon un peu gros, de champagne, si vous en avez un sous la main. Vous le coupez suivant le sens de la longueur en enfonçant jusqu'au tiers de l'épaisseur du bouchon, la lame du couteau que vous avez choisi. Puis vous piquez de chaque côté du bouchon les fourchetons de deux fourchettes opposées l'une à l'autre, de manière que les fourchetons soient perpendiculaires à la lame du couteau, ainsi que le montre la figure ci-contre.

L'opération ainsi disposée, vous n'avez qu'à suspendre l'extrémité de la lame dans la boucle d'une cordelette, le couteau tiendra horizontalement et même vous pourrez lui imprimer un mouvement d'oscillation sans déranger l'équilibre.

## LA PIECE EN ÉQUILIBRE

Voici une curieuse démonstration de l'équilibre des corps dont le centre de gravité se trouve déplacé à l'aide de contre-poids. Il s'agit de faire tenir horizontalement en équilibre au bord d'un verre une pièce de monnaie qui ne reposera sur le verre que par son extrême bord. La figure 8 complète du reste cette démonstration.

Il faut prendre une pièce de 5 francs et la placer entre les dents de deux fourchettes se recouvrant mutuellement. Placer alors le bord de la pièce sur le verre et rapprocher ou éloigner les queues des fourchettes jusqu'à ce que le tout soit équilibré. Le centre de gravité sera alors au point de contact, et vous

Fig. 8. — La pièce en équilibre.

pourrez donner un léger balancement sans risquer de voir se rompre l'équilibre obtenu.

## LE PLAN INCLINÉ

Vous prenez un morceau de papier et vous le roulez de manière à obtenir un cylindre suffisant

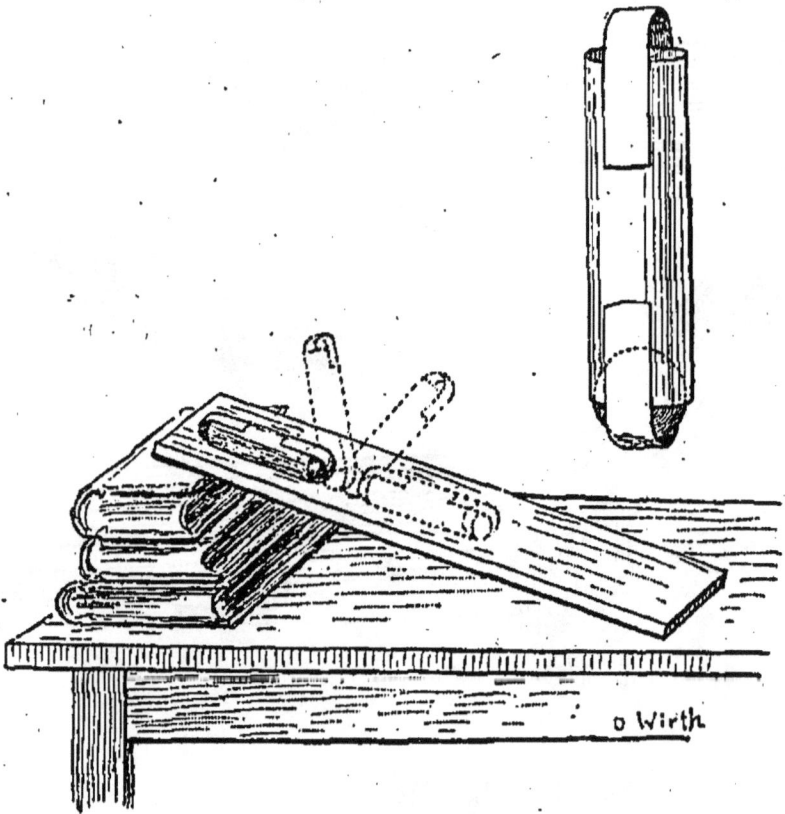

Fig. 9. — Le plan incliné.

pour pouvoir y loger une bille d'écolier. Vous collez le bord du papier dans le sens de la longueur afin que votre cylindre ne se déforme pas. Puis vous bouchez les extrémités au moyen d'une bande de papier (comme l'indique la figure), après avoir glissé une bille dans l'intérieur. Lorsque vous jugez que l'ensemble est sec, vous posez cet appareil debout au sommet d'une planchette ou d'une règle plate appuyée sur une pile de livres, par exemple, de manière à lui donner une inclinaison assez sensible. Vous verrez alors le cylindre se coucher, se relever, et ainsi de suite, jusqu'à ce qu'il soit parvenu au bas de sa course. L'effet est très curieux et le sera d'autant plus, si vous possédez quelque talent d'artiste, pour pouvoir dessiner une figure sur ce cylindre de papier. Vous assisterez à une suite de mouvements fort originaux et vous amuserez certainement vos spectateurs.

## LE BOUCHON MARCHEUR

Dans un même plan, plantez sur un bouchon, opposés l'un à l'autre, deux couteaux, qui formeront balancier. Dans la base du bouchon, sur le même diamètre, piquez deux épingles et enfoncez-les assez profondément, de manière qu'elles ne fléchissent point sous le poids qu'elles auront à supporter.

Faites reposer le tout sur une règle plate, placée en
pente assez douce, et donnez un léger mouvement

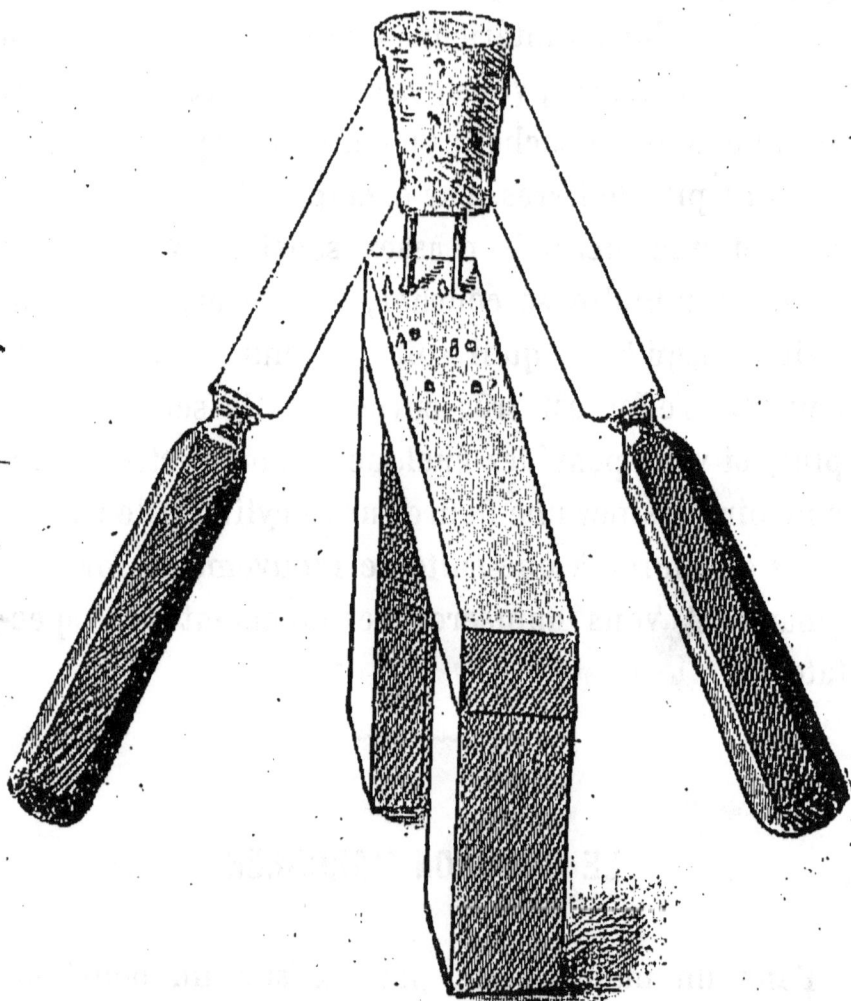

Fig. 10. — Le bouchon marcheur.

de balancement. Le poids de cet appareil ira se
porter sur l'épingle A, tandis que l'ensemble tournant sur cette épingle, le couteau placé du côté B

heurtera le support et tendra à ramener l'appareil dans sa position première, mais le mouvement d'oscillation continuant, à son tour l'épingle B supportera tout le poids et l'épingle A ira se poser à l'autre point A indiqué sur la gravure. Le bouchon marcheur continuera son mouvement et finira par parcourir le chemin assigné. Cette récréation, inspirée par la poupée marcheuse qui se trouve à la fin de ce volume, est intéressante, car elle démontre une fois de plus que tous les corps sont attirés par la terre, et que sitôt dérangés de leur position d'équilibre ils obéissent à cette force qui les sollicite constamment.

## LA POMME MYSTÉRIEUSE

Percez une pomme de manière à obtenir deux couloirs faisant vers le milieu un angle assez grand, comme l'indique du reste la figure 11; si vous avez à votre disposition deux plumes d'oie ou deux carcasses de porte-plume, vous pourrez les utiliser afin de rendre les deux couloirs plus solides. Passez une ficelle un peu forte dans ce trou, et voilà votre pomme préparée pour une petite supercherie qui étonnera, soyez-en certains, toutes les personnes devant

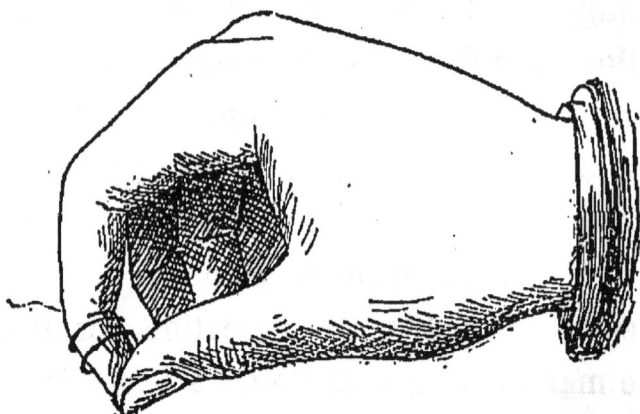

lesquelles vous exé-
cuterez ce tour, etqui
naturelle-
ment ne
seront pas
initiées.

Vous
prendrez les extrémités de la ficelle entre une main et votre
pied, de façon à obtenir à vo-
lonté la rigidité de la ficelle.
Vous pouvez dès lors com-
mander à la pomme de des-
cendre ou de s'arrêter, elle
exécutera vos ordres instantanément. En effet, lorsque vous
tirez sur la ficelle, la partie en-
trée dans la pomme vient s'appuyer
sur l'angle formé par les deux couloirs et, faisant pression, maintient
la pomme; lorsqu'au contraire, vous
lâchez le lien légèrement, vous lui
ôtez sa rigidité et la pomme descend.

Vous pouvez donc alternativement
faire descendre ou arrêter la pomme,
et, nous le répétons, les personnes

Fig. 11.

non prévenues ne peuvent s'imaginer par quel moyen
on arrive à ce curieux résultat. L'expérience faite
à l'aide d'une boule de bilboquet sera plus intéressante et surtout de plus longue durée.

~~~~~~~

## MACHINE PNEUMATIQUE D'AMATEUR

Pour pouvoir réaliser certaines expériences, il faut
avoir à sa disposition une machine pneumatique. Or
cet appareil est d'un prix relativement élevé. Voici la
manière de construire à peu de frais une bonne machine qui permettra de faire plusieurs expériences
intéressantes sur le vide et la pression atmosphérique.

On se munit de trois tubes en caoutchouc :

Un de 25 centimètres de longueur, de 5 centimètres
de diamètre extérieur et de 3 centimètres de diamètre
intérieur (n° 1);

Un de 15 centimètres de long, de 3 centimètres de
diamètre extérieur et de 2 centimètres de diamètre
intérieur (n° 2);

Un de 1$^m$,50 de long (environ), de 5 centimètres de

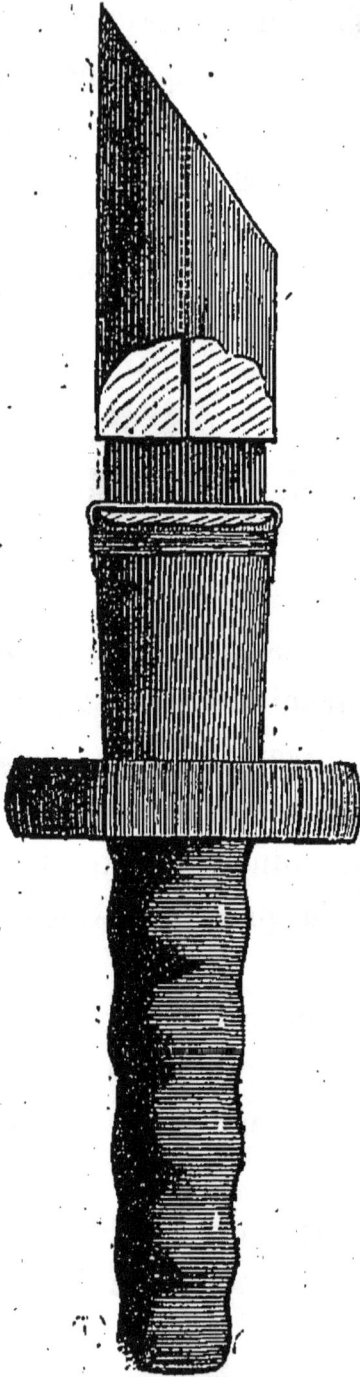

Fig. 12.—Détail d'un ajutage.     Fig. 13.—Corps de pompe.

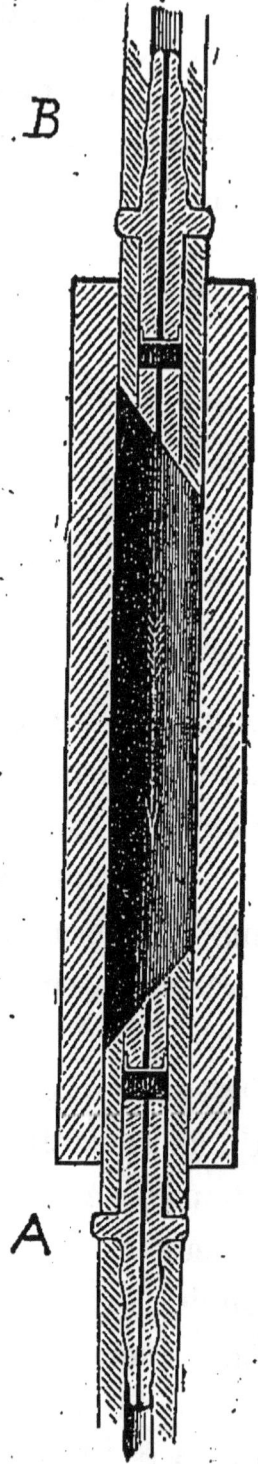

diamètre extérieur et 2 centimètres de diamètre intérieur, c'est-à-dire très épais (n° 3).

On divise le tube n° 2 en deux parties égales, par
une section de 45 degrés à peu près. Dans l'une des
parties, on adapte un ajutage en bois dur dont la

Fig. 14. — Valve vue en perspective.

Fig. 15. — Valve vue de profil.

figure 12 indique suffisamment la forme ; cet ajutage
est percé d'un canal assez étroit dans le sens de sa
longueur. Dans la portion évidée on découpe une
petite fenêtre que l'on bouchera avec une bande de
caoutchouc assez souple, solidement ligaturée sur

les parois externes de l'ajutage. C'est cette bande qui fera l'office de soupape; elle doit être mise sur la face qui est du côté du biseau. Les figures 14 et 15 montrent l'aspect de cette valve.

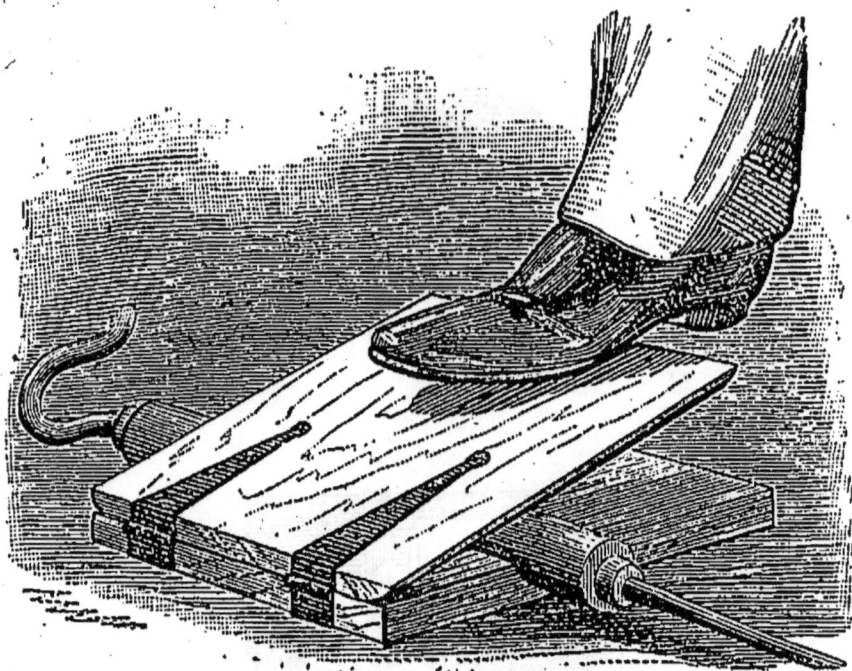

Fig. 16. — Pédale de manœuvre.

On fixe alors cet ajutage sur le gros tube n° 1 en A, qui constitue le corps de pompe (fig. 13).

A l'autre partie du tube (n° 2) en B, on fixe un autre ajutage construit comme le premier, mais où la bande de caoutchouc est fixée sur la face opposée au biseau. Le premier ajutage sert à l'échappement,

Fig. 17. — Machine pneumatique d'amateur.

le second à l'aspiration. Enfin on fixe au tube n° 3 l'un ou l'autre de ces espèces de manchons, selon que l'on désire faire le vide ou la compression.

A l'aide d'une pédale, constituée tout simplement par deux planches de bois tenues par des charnières (fig. 16), on appuie avec le pied; l'air contenu dans le corps de pompe (fig. 13) tend à s'échapper au dehors : il soulève donc la valve de l'ajutage fixé en A et s'échappe au dehors; lorsque la pression cesse, le gros tube, en raison de son élasticité propre, reprend la forme qu'il avait auparavant et il aspire. Cette fois, c'est la soupape de l'ajutage en B qui est soulevée et laisse passer l'air qui vient emplir le corps de pompe. Si à l'ajutage B on a fixé le long tube en caoutchouc n° 3 qui va plonger dans un récipient, on comprend aisément qu'après quelques coups de pédale, l'air sera aspiré et qu'on obtiendra un vide relatif.

Lorsqu'on veut avoir une machine de compression, il n'y a qu'à modifier légèrement le détail de construction de la valve; au lieu d'une bande de caoutchouc maintenue comme sur la figure 14, on adapte la disposition (fig. 18), c'est-à-dire que la soupape est formée d'une bande de caoutchouc tenue par un seul côté. Il faut avoir soin aussi, pour ce cas, de prendre des tubes plus forts.

Passons maintenant en revue les quelques expériences que l'on peut faire avec cette machine.

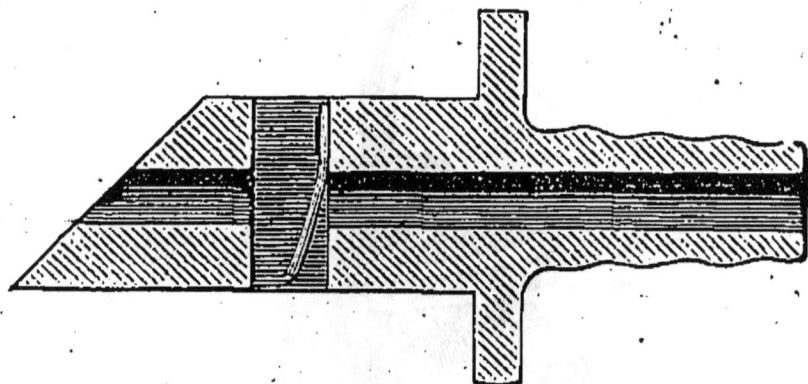

Fig. 18. — Ajutage pour la compression.

On peut se servir de ballons de verre ou de pots à
confiture tout simplement.

~~~~~~~~

## BALLON DANS LE VIDE

On place dans le récipient un petit ballon en bau-
druche, comme ceux que l'on donne aux enfants. On
le mouille légèrement pour le rendre plus souple.
A l'état ordinaire, il y a équilibre entre l'air qui se
trouve dans le récipient et l'air contenu dans le bal-

lonnet; mais si on vient à faire le vide, ce dernier
se gonfle et finit par éclater si l'on prolonge l'expé-

Fig. 19. — Ballon dans le vide.

rience, ce qui prouve la force d'expansibilité des
gaz (fig. 19).

## ASPHYXIE DANS LE VIDE

Enfermons une souris et recommençons à faire le

vide, nous verrons bientôt le petit animal présenter

Fig. 20. — La souris.

tous les symptômes de l'asphyxie : preuve que les animaux et l'homme ne peuvent vivre sans air (fig. 20).

## ÉBULLITION DANS LE VIDE

Si nous substituons à la souris un verre rempli

d'eau distillée ou de pluie, lorsque le vide sera fait
notre eau bouillira, et pourtant on sait qu'il faut
100 degrés de chaleur pour amener l'ébullition de
l'eau. Ce phénomène s'explique ainsi : le vide sol-

Fig. 21. — Ébullition de l'eau.

licite les bulles d'air qui se trouvent dans l'eau à
s'échapper du liquide ; elles n'ont pas beaucoup de
peine, puisqu'il n'a presque plus de pression sur la
surface du liquide (fig. 21).

## UNE SONNETTE APHONE

On sait que le son n'est qu'une suite de vibrations à qui il faut un milieu pondérable pour se propager ; autrement dit, dans le vide, aucun son ne peut se

Fig. 22. — La clochette.

transmettre. Descendons dans le récipient une clochette ; à mesure que le vide se fera, les sons diminueront pour cesser complètement lorsque la raréfaction de l'air sera obtenue.

## LA VENTOUSE

Changeons notre matériel et prenons des ampoules

Fig. 23. — La ventouse.

de verre ouvertes de deux côtés. Si nous posons la
main dessus l'une des ouvertures, le vide fait, nous
ne pourrons plus la détacher, et encore il ne faudrait

pas faire un vide trop absolu, car les vaisseaux sous-
cutanés pourraient y trouver à redire. C'est du reste
par la raréfaction de l'air que l'on applique les ven-
touses aux malades. On brûle quelques morceaux de
papier dans de petites cloches en verre que l'on applique sur la peau ; l'air, en se refroidissant, se contracte et produit un vide partiel.

### CRÈVE-VESSIE

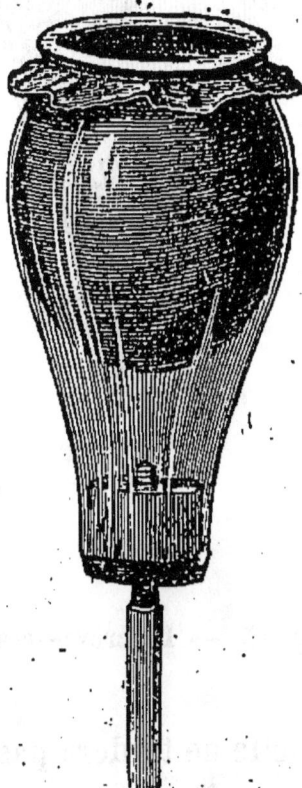

Fig. 24. — Le ballon.

En adaptant une membrane de caoutchouc léger,

3

à mesure que le vide se produira, on verra le caoutchouc se tendre et constituer un ballon à l'intérieur
de l'ampoule (fig. 24).

Si l'on met une vessie bien tendue et solidement

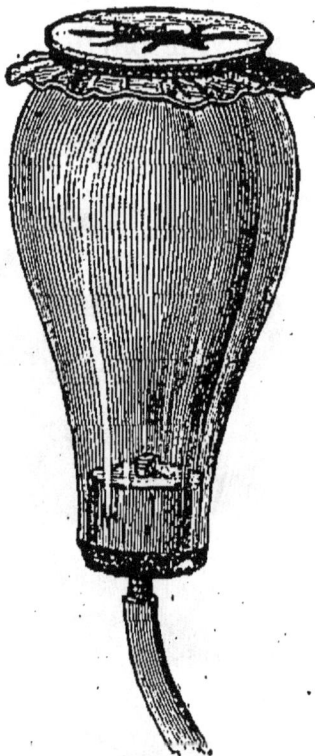

Fig. 25. — Le crève-vessie.

attachée (fig. 25), elle ne tardera pas à se crever sous
l'effort de la pression atmosphérique qui agira sur
elle, n'étant plus balancée, puisque le vide sera fait
en dessous.

## RÉSISTANCE DE LA PRESSION DE L'AIR

Fig. 26. — Expérience de la pression atmosphérique.

Nous allons faire une autre expérience qui nous

fera apprécier encore mieux la valeur de ce facteur :
la pesanteur de l'air.

Mettons une peau en cuir souple dessous l'ampoule,

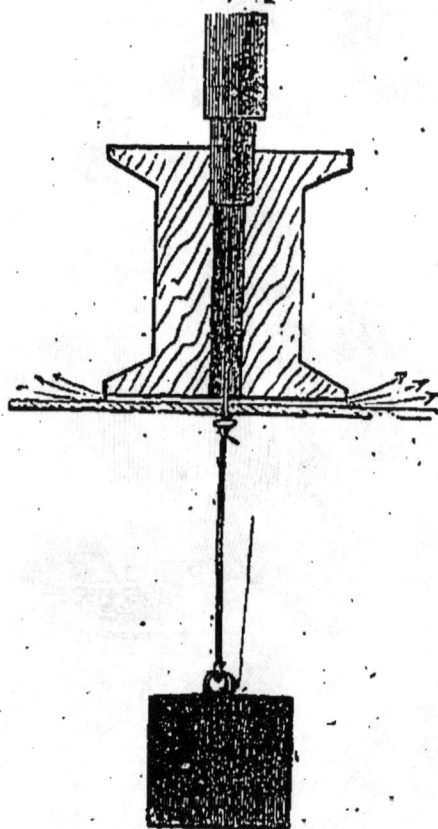

Fig. 27. — Expérience de la pression à l'aide d'une bobine.

munie d'un anneau; faisons le vide et nous serons
étonnés du poids qu'il faudra pour arracher la peau...
si elle résiste à cette pression.

Si on n'avait pas à sa disposition un récipient en

verre, on peut se servir d'une bobine en bois (fig. 27).
On met sur l'une des faces un carton fort sur le milieu
duquel on fixe un crochet en fer; lorsque la raréfaction
est faite, il faut accrocher des poids assez importants
pour détacher le carton de la joue de la bobine.

## RÉSERVOIR D'AIR COMPRIMÉ

Pour pouvoir réaliser différentes expériences sur
la compression, il faut posséder un réservoir à air
comprimé.

Faites exécuter par un ferblantier un tuyau de
10 centimètres de diamètre et de 1 mètre environ de
longueur, bouché des deux bouts; il faut avoir soin
que les soudures soient bien faites afin qu'il n'existe
aucune fissure. On ménagera deux ouvertures munies
d'un petit tube indiquées sur la figure 28, sur lesquelles on adaptera deux tubes de caoutchouc de
longueur variable, 1$^m$,50 à 2 mètres.

Pour remplir d'air sous pression ce réservoir, on
se servira de la machine pneumatique en changeant

de place les ajutages, c'est-à-dire en mettant celui de

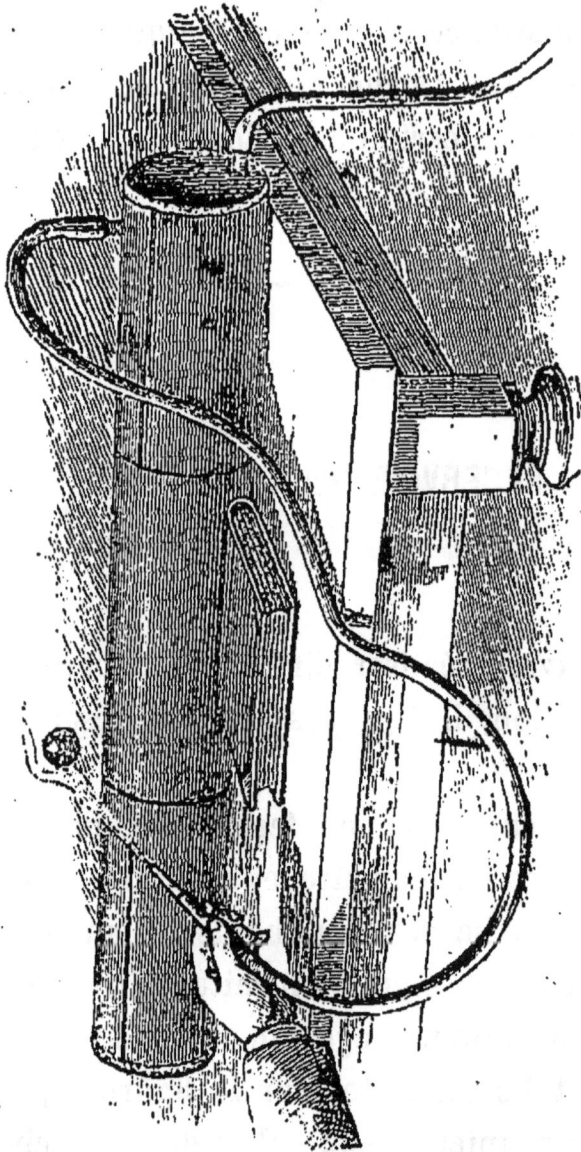

Fig. 28. — Air comprimé soulevant une boule de liège.

là figure 18. Il faut avoir soin, avant de commencer l'opération, d'étrangler le tube supérieur en caoutchouc. Lorsque l'on juge que la compression est suffisante, on peut commencer l'expérience en soulevant une balle de sureau ou de liège (fig. 28).

~~~~~~~~~~

## EFFET DE LA COMPRESSION

Prenons une bobine en bois, évidons un des côtés et mettons une bille; lorsque nous mettrons à l'autre

Fig. 29. — Effet de la compression sur une bille.

extrémité le tube de caoutchouc amenant l'air comprimé, nous constaterons que la bille sera soulevée (fig. 29).

## PULVÉRISATEUR A PÉTROLE

A l'aide de notre appareil de compression, nous pouvons réaliser divers travaux de soudure, qui demandent souvent une température élevée.

Fig. 30. — Pulvérisateur à pétrole.

Construisons le pulvérisateur suivant :

Dans une bouteille de la forme représentée figure 30, mettons du pétrole et introduisons un tube de verre s'arrêtant à quelque distance du fond. Fermons hermétiquement, et à l'extrémité supérieure du tube, emboîtons une armature dont la coupe est figurée sur la gravure; cette armature a trois ouvertures : deux horizontales et l'une correspondant avec le tube plongeant dans le pétrole. Adaptons le tube en caoutchouc du réservoir, et la pression s'exerçant sur la surface du liquide forcera le pétrole à monter par le tube jusqu'à l'armature où il sera chassé sous forme de fines gouttelettes qui brûleront comme si elles sortaient d'un brûleur ordinaire; comme elles sont mélangées à l'air, il s'ensuit que les molécules d'air sont en même temps portées à une température très élevée; il en résulte un jet développant une chaleur d'une grande intensité.

On peut se servir de ce pulvérisateur pour assainir des salles ou des appartements. Il n'y a qu'à remplacer le pétrole par un liquide antiseptique.

## LE BAROMÈTRE

Constatons aussi la pression exercée par la couche atmosphérique qui nous entoure à l'aide de l'instrument bien connu et qui s'appelle un baromètre.

On peut le construire soi-même. On prend un tube

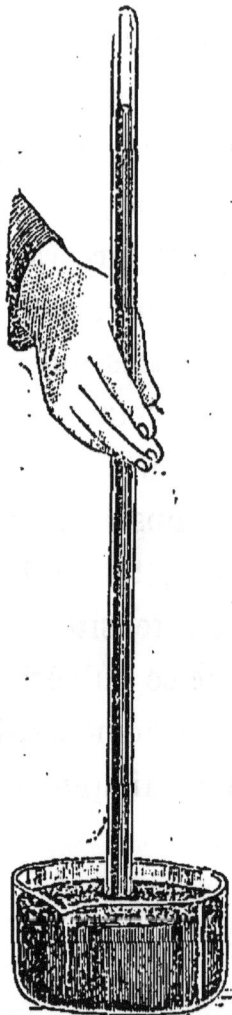

Fig. 31. — Le baromètre.

de verre long de 90 centimètres à peu près et d'un diamètre intérieur de 5 millimètres. On le remplit

de mercure, puis on le bascule en ayant bien soin
que l'air n'y pénètre pas, dans une cuvette remplie de
même métal. La colonne s'arrêtera à une hauteur
de 76 centimètres environ. C'est donc là la mesure
de la force de la pression de l'air, car dans la partie
supérieure du tube le vide absolu existe, et rien ne
s'opposerait à ce que le mercure montât plus haut.
Le poids de la couche d'air correspond donc à une
hauteur de 76 centimètres de mercure.

Admettons que le tube employé ait 1 centimètre
carré de section intérieure, nous arrivons donc à
76 centimètres cubes de mercure.

Or, 1 centimètre cube de mercure pèse 13$^g$,6;
76 centimètres cubes × 13$^g$,6 = 1.033 grammes ou
1$^{kg}$,033. Tel est le poids exact d'une colonne d'air ayant
1 centimètre carré à la base. C'est également la pression exercée sur une surface de même base. Ainsi,
sur 1 mètre carré qui renferme 10 000 centimètres
carrés, la pression est de 10 330 kilogrammes.

Continuons notre énumération ; nous allons voir
les chiffres formidables qui vont se glisser sous
notre plume. Récapitulons :

| | |
|---|---:|
| 1 centim. carré supporte une pression de. | 1$^k$,033 |
| 1 décim. carré — — | 103 ,300 |
| 1 mètre carré — — | 10 330 ,000 |
| 1 décamètre carré ou are supporte une pression de. . . . . . . . . . . . . . . | 1 033 000 ,000 |

1 hectomètre carré ou hectare supporte
   une pression de . . . . . . . . . . . $103\ 300\ 000^{k},000$
1 kilomètre carré supporte une pression
de . . . . . . . . . . . . . . . . . . $10\ 330\ 000\ 000\ ,000$

La surface du globe étant environ de 510 millions de kilomètres carrés, nous obtenons, pour la pression totale exercée par l'atmosphère sur notre terre, le chiffre formidable de :

$$5\ 268\ 000\ 000\ 000\ 000\ 000 \text{ de kilog.}$$

Nous-mêmes nous supportons l'énorme pression de 15.500 kilogrammes, et nous ne sentons pourtant aucune gêne dans nos mouvements. C'est que cette pression s'exerce en tous sens et que nous portons en nous des fluides élastiques qui la balancent.

On est si bien habitué à ce poids, que lorsque le temps est orageux, on se sent *plus lourd ;* c'est le contraire qui a lieu, puisque le baromètre est plus bas, c'est-à-dire que la pression atmosphérique a diminué ; on a donc moins de poids à supporter. C'est la sensation que l'on ressent un moment lorsque l'on s'élève en ballon. A mesure que l'on monte, le poids de l'air se fait moins sentir, et nous en éprouvons une gêne telle qu'aux environs de 8 à 9.000 mètres de hauteur, les liquides de notre corps, sang, eau, bile, s'échappent au dehors, n'étant plus main-

tenus par la pression qui leur est nécessaire. Ainsi,
nous sommes attachés à la surface de la terre, et
vraisemblablement les grandes hauteurs sont défen-
dues à notre curiosité.

## UN TUBE ASPIRANT

Il y a plusieurs récréations scientifiques à faire en
s'aidant de cette force : la pression de l'air, que nous
venons de vérifier.

Prenez le manche creux d'un porte-plume en fer
de deux sous, que vous trouverez chez n'importe quel
papetier ; mettez un peu d'eau dedans et faites-la
bouillir, afin que la vapeur vienne remplacer l'air du
tube. Quand le dégagement de vapeur est à son
maximum, introduisez un petit morceau de liège dans
l'ouverture supérieure B, fermant hermétiquement ;
huilez-le légèrement pour qu'il glisse avec facilité.
Si vous refroidissez le tube, en le plongeant dans un
vase rempli d'eau, par exemple, la vapeur se con-
dense, le vide se produit à l'intérieur et sous la pression atmosphérique le petit bouchon glisse ; si on a
attaché un fil au bouchon, on peut le retirer et recommencer l'opération ; à mesure que l'eau s'échau-

fera et que la vapeur se reformera, on verra le bouchon remonter.

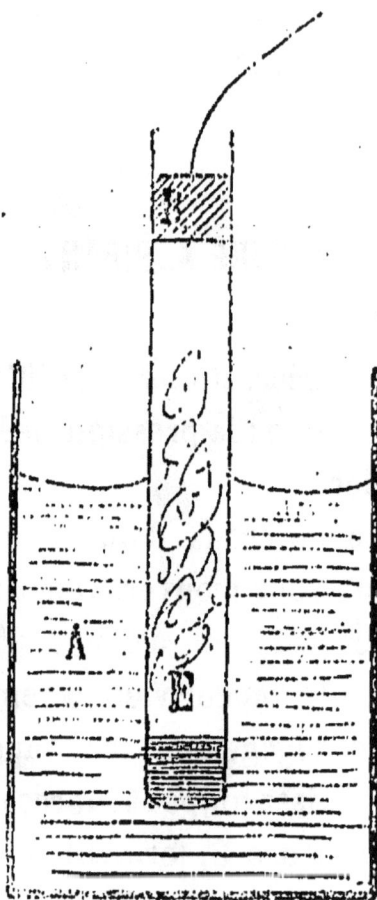

Fig. 32. — Tube aspirant.

Un moyen bien pratique de faire ce bouchon, c'est
d'enfoncer le tube dans un morceau de pomme de
terre; la partie intérieure sera absolument découpée
et entrera à frottement contre les parois.

# ASCENSION DE L'EAU DANS UNE CARAFE VIDE

Fig. 33. — L'eau montant dans la carafe.

Remplissez d'eau une assiette creuse, placez au centre une bougie, longue de quatre centimètres à peu près, que vous allumerez, et vous la recouvrirez ensuite d'une carafe vide, à large goulot.

Dès que ceci séra fait, vous verrez la flamme de la bougie vasciller, puis s'éteindre, tandis que l'eau fera son ascension dans la carafe.

Examinons, si vous le voulez bien, les causes de ce bien simple phénomène : la bougie en brûlant a consumé l'oxygène de l'air, contenu dans la carafe ; il s'est produit un manque d'équilibre entre la pression des gaz contenus dans la carafe et la pression atmosphérique. Cette dernière, plus forte, a alors agi sur l'eau de l'assiette et l'a fait monter jusqu'à ce que la pression des gaz restant dans la carafe, augmentée du poids de l'eau montée, fasse équilibre à la pression de l'air libre.

Si vous recommencez l'expérience, vous remarquerez que l'eau ne montera pas toujours à la même hauteur dans la carafe ; ce qui est dû au plus ou moins grand dégagement d'acide carbonique, dégagement occasionné par l'extinction de la bougie.

<center>~~~~~~~</center>

## LA PIÈCE SUBMERGÉE

Pour donner plus de relief à l'expérience précédente, vous pouvez la présenter autrement : dans une

assiette à potage vous déposez une pièce de monnaie;
à côté, un verre retourné, puis vous versez de l'eau jusqu'à ce que la pièce de monnaie soit couverte. Vous
annoncez alors à vos spectateurs que vous allez, sans
vous mouiller les doigts, retirer la pièce de l'assiette.
Vous rencontrerez une grande incrédulité de la part
de l'auditoire. Laissez-le dans ses doutes sur le succès
de votre opération.

Fig. 34. — La pièce submergée.

Coupez dans un bouchon de bouteille une petite
rondelle sur laquelle vous mettrez quelques bouts de
papier ou d'allumettes et glissez le tout sous le verre
faisant l'office de cloche. Allumez les matières et
attendez. Sitôt la combustion achevée, vous verrez
l'eau quitter l'assiette, monter dans le verre et laisser

la pièce absolument à sec dans le fond de l'assiette.
Vous pourrez alors réaliser ce que vous aviez annoncé
en commençant : prendre la pièce sans vous mouiller
les doigts.

Cette expérience démontre la pesanteur de l'air. En
effet, il se produit le phénomène précédent ou autrement pendant la combustion, l'air s'échauffe ; mais
aussitôt que les matériaux mis sur le flotteur de
liège ont cessé de brûler, l'air se refroidit, et en
se refroidissant, se contracte, amenant ainsi un vide
sous le verre ; la pression atmosphérique, agissant
sur la couche d'eau, force alors l'eau à monter dans le
verre par suite de la différence de pression.

## LE BOUCHON RÉCALCITRANT

Prenez un tube en verre ou en métal fermé par un
bout, une éprouvette, par exemple ; taillez un bouchon, en liège ou en caoutchouc, qui puisse y entrer
en le fermant hermétiquement ; mais afin que le bouchon s'enfonce sans difficulté dans le tube, percez-y
un trou. Sur la partie supérieure de cette ouverture
adaptez une petite soupape soit en cuir, soit en peau,
que vous aurez soin de mouiller avant de faire l'ex-

périènce suivante. Pour pouvoir retirer le bouchon lorsqu'il est enfoncé dans le tube, vous prendrez la précaution de passer les deux bouts d'une ficelle, comme l'indique le dessin.

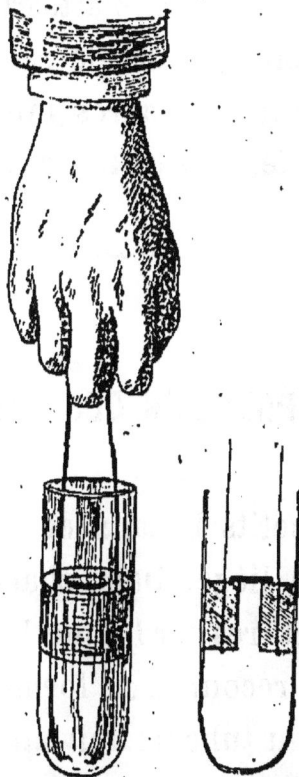

Fig. 35. — Le bouchon récalcitrant.

Ces divers objets ainsi préparés vont nous servir à démontrer encore une fois la pression atmosphérique.

En soulevant la soupape, forcez le bouchon à entrer

dans le tube jusqu'au milieu à peu près. Arrivé là,
remettez en place la soupape et tirez bravement sur
la ficelle pour retirer le bouchon : ce dernier ne
viendra pas, par la raison que, faisant le vide devant
lui, la pression atmosphérique l'empêche de sortir.
Mais si, au contraire, vous l'attirez tout doucement à
vous, il offrira bien moins de résistance, parce que
l'air entrera par les moindres interstices et viendra
détruire, en partie, la pression extérieure.

~~~~~~~~~

## PRESSION DES GAZ

Prendre deux petits bocaux et les fermer à l'aide
d'un bouchon de liège. Dans chacun des bouchons
percer deux ouvertures par lesquelles vous ferez entrer
un tube en verre recourbé en forme de U allongé, les
deux extrémités du tube ne doivent arriver qu'un peu
au-dessous de la surface interne du bouchon. Dans
l'un des bocaux vous mettrez de l'eau, aux trois quarts
de la hauteur, et vous ferez passer par la seconde
ouverture du bouchon un tube de verre percé des
deux bouts et s'enfonçant jusqu'au bas. Ce bocal doit
être hermétiquement bouché. (Au besoin couler de la
cire sur l'ouverture). Dans l'autre récipient, vous

mettrez de la craie et vous passerez à travers l'ouverture du bouchon restée libre, l'extrémité d'un

Fig. 36. — Pression de l'acide carbonique

cornet de papier, dans l'intérieur duquel vous cou-
lerez une boulette de cire ou de mastic. Votre appa-

Fig. 36 bis. — Pression de l'air.

reil ainsi disposé, si vous introduisez par le cornet du vinaigre ou mieux de l'acide sulfurique, au contact de la craie il se formera de l'acide carbonique qui, ne pouvant s'échapper par le cornet fermé par la boulette, passera par le tube de verre jusque dans l'autre bocal et viendra s'amasser sur la surface de l'eau. Il arrivera un moment où la pression s'exercera fortement sur le liquide et l'eau montant, par le tube vertical, jaillira en dehors sous forme de jet d'eau.

On peut varier cette démonstration et la réduire à sa plus simple expression. Il suffit de prendre un bocal, de le remplir aux deux tiers d'eau et de le boucher. Deux trous seront faits pour laisser passer deux tubes, l'un qui ira jusqu'au fond et l'autre qui restera au-dessus de la surface du liquide. Ce dernier sera surmonté d'un récipient. On coulera de la cire à cacheter sur le bouchon afin que l'air n'y puisse pénétrer. Si l'on verse de l'eau dans le récipient, cette dernière pénétrera dans le bocal et fera monter le niveau de l'eau. L'air sera pressé, il agira sur la masse liquide et l'eau alors s'échappera par l'orifice supérieur en un jet plus ou moins fort, suivant la pression exercée.

## L'ŒUF A VAPEUR

Voici une petite récréation très curieuse et qui vient

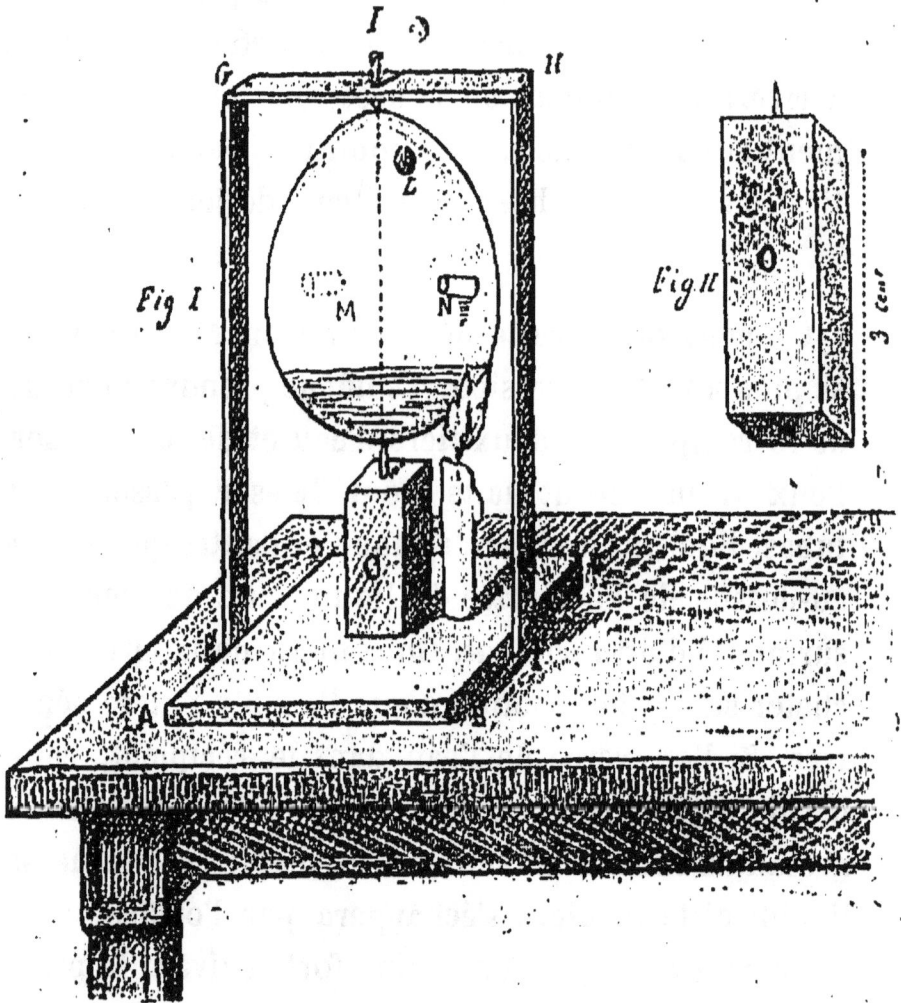

Fig. 37. — L'œuf à vapeur.

démontrer qu'il n'est pas besoin d'avoir d'énormes matériaux pour réaliser une démonstration scientifique.

Dressez la petite construction représentée ci-contre; quelques petites planchettes vous suffiront pour cette opération.

A B C D sera le plancher; E G et F H deux montants reliés en haut par une traverse G H. La hauteur des montants doit être de 11 centimètres et leur écartement de 6 centimètres.

Dans un bloc de bois de 1 centimètre de côté et de 3 centimètres de hauteur piquez une épingle un peu forte, en ne laissant la pointe dépasser que faiblement, puis posez ce bloc de bois ainsi préparé au milieu de la planchette entre les deux montants ; sur la traverse du haut enfoncez également une épingle ; les deux pivots devant tenir l'œuf seront ainsi constitués.

Pour préparer l'œuf à sa nouvelle fonction, c'est-à-dire pour le transformer en chaudière à vapeur, il faut d'abord le vider par une petite ouverture L, puis pratiquer deux autres ouvertures N M, sur lesquelles vous collerez deux petits tubes de papier disposés comme l'indique la figure. Par l'ouverture L, introduisez un peu d'eau chaude, rebouchez cette ouverture à l'aide de papier gommé, et installez votre œuf en équilibre entre les deux pointes des épingles. La flamme d'une bougie ou d'une lampe à faible combustion suffira pour mettre l'œuf en mouvement. En

effet, de la vapeur se forme dans l'œuf, et ne pouvant
sortir que par les ouvertures N M vient faire pression
sur la partie opposée à l'ouverture et la force à s'é-
loigner en imprimant ainsi un mouvement de rota-
tation qui se communique à cette chaudière d'un
nouveau genre.

## UN TOURNIQUET DE HAUTE FANTAISIE

Faire ce tourniquet est peu difficile, il suffit d'un
peu de patience. Dans un bon bouchon, à champagne
par exemple, pratiquez trois fentes de différentes
grandeurs, comme l'indique la figure 38. Dans chacune des trois fentes, introduisez une cuiller à café,
de façon que le cuilleron vienne affleurer le bouchon
et qu'il présente une inclinaison voisine de 45 degrés.
Autour du bouchon vous piquerez trois fourchettes
opposées l'une à l'autre, de manière à obtenir un
équilibre parfait du petit appareil ; au centre de la
surface inférieure du bouchon vous planterez une
aiguille et vous poserez le tout sur un verre renversé dont vous coifferez une bouteille. Le tourniquet
doit tenir en équilibre sur la pointe de l'aiguille.

Avant de commencer l'expérience, il faut avoir soin

Fig. 38. — Un tourniquet de haute fantaisie.

de mettre la bouteille sur un plateau où dans un
plat. Après avoir donné une légère impulsion au

tourniquet, en versant de l'eau dans les cuillers, vous obtiendrez un mouvement continu, qui sera dû à la pression de l'eau sur les cuillerons, ceux-ci faisant l'office d'hélices et se déplaçant en sens contraire de la pression exercée.

~~~~~~~

## TOURNIQUET HYDRAULIQUE

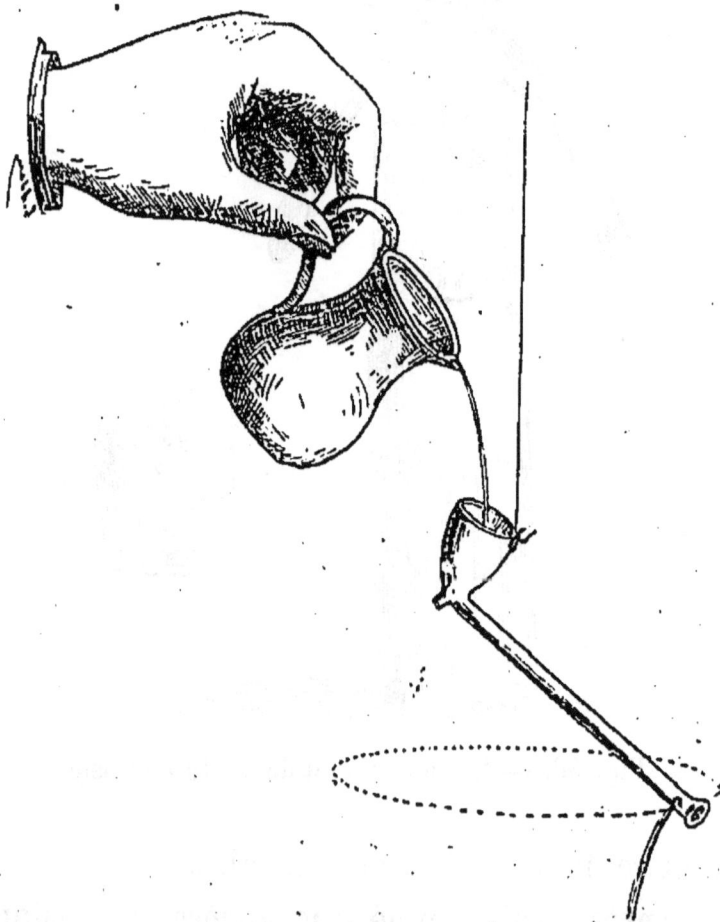

Fig. 39. — Tourniquet hydraulique.

Achetez une modeste pipe d'un sou et métamor-
phosez-la comme suit : bouchez le tube à l'aide d'un
peu de cire à cacheter et percez auprès latéralement
un trou avec une pointe ou un canif et suspendez la
pipe à l'aide d'un fil, comme le représente la figure 39,
le fil étant attaché à la pipe avec de la cire. Si maintenant vous versez de l'eau dans la pipe, elle se mettra à tourner en sens contraire du jet qui s'échappera
par le petit trou que vous aurez percé à l'extrémité
du tuyau. Ce mouvement est dû à la pression exercée
par l'eau sur les portions du tube opposées aux
ouvertures par où elle s'échappe.

## UN MOYEN DE PETITE LOCOMOTION

On peut encore vérifier la pression exercée par les
liquides pesants en remplissant d'eau une boîte à
sardines, vide bien entendu. La mettre sur une planchette en bois et exposer le tout sur un baquet rempli d'eau tranquille. On aura préalablement fait une
petite ouverture sur l'un des côtés, que l'on tiendra
fermée à l'aide d'une cheville de bois. Si l'on vient à
ôter la cheville, un filet d'eau jaillira et le tout pren-

dra un mouvement en sens contraire de l'écoule-
ment. Voici ce qui se produit. A l'état de repos, le
liquide exerce une pression égale sur les côtés A et
B, mais dès que l'on ouvre l'ouverture, la pression

Fig. 40. — Un moyen de petite locomotion.

fait jaillir le liquide en B et détruit l'équilibre du
côté A, qui cède sous la pression exercée et recule
devant cette pression. On peut donner à cette expérience un caractère plus récréatif en construisant un
petit bateau à fond plat rempli d'eau. C'est sur ce
principe que sont basés les tourniquets décrits ci-
contre.

## TOURNIQUET A AIR

On fixe dans le fond d'un vase au moyen de cire à cacheter une longue aiguille à fil A, la pointe en l'air. On arrange une coquille d'œuf coupée au tiers, de la manière suivante : à la partie supérieure on perce

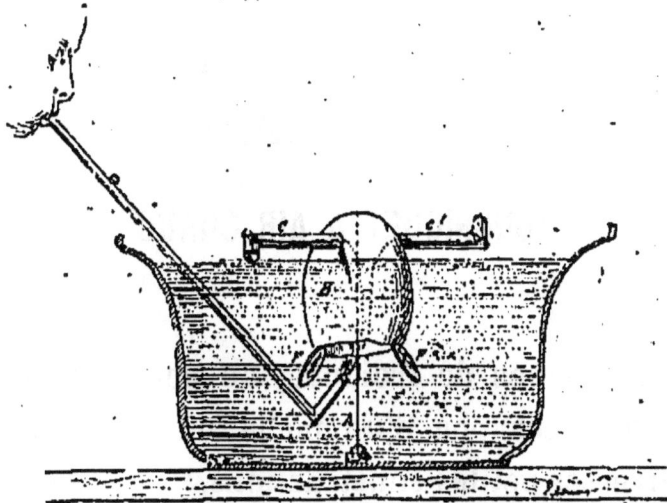

Fig. 41. — Tourniquet à air.

deux petits trous dans lesquels on introduit deux fétus de paille cc' terminés à angle droit et maintenus ainsi à l'aide de cire. Dans le bas de l'œuf, à l'ouverture, on fixe trois ou quatre petites pièces de mon-

naie, afin d'assurer l'équilibre. L'œuf ainsi préparé,
est mis sur la pointe de l'aiguille. On remplit le vase
d'eau et à l'aide d'un chalumeau de paille on souffle
de l'air en dessous l'œuf, cet air monte et vient se
condenser à la partie supérieure et ne tarde pas à
s'échapper par les tubes *c c'* en imprimant un mouvement de rotation à tout l'appareil. C'est le même
phénomène qui se produit que pour le tourniquet
hydraulique, seulement ici c'est la pression de l'air
qui agit.

## TOURNIQUET A AIR CHAUD

Par les temps de froidure, on peut utiliser l'air
chaud qui s'échappe d'un poêle ou d'un calorifère
pour diverses petites constructions.

Tracez sur une carte ou sur un papier fort une spirale comme l'indique la figure. Ensuite découpez-là
en la maintenant à l'aide d'un crayon, ou d'un morceau de bois dont une extrémité sera taillée en
pointe, exposez la spirale au-dessus d'un fourneau
ou d'un poêle, vous la verrez bientôt prendre un
mouvement de rotation. Ce mouvement sera causé

par la colonne d'air qui se trouve au-dessus des foyers
et qui occasionne, par sa réaction, un mouvement

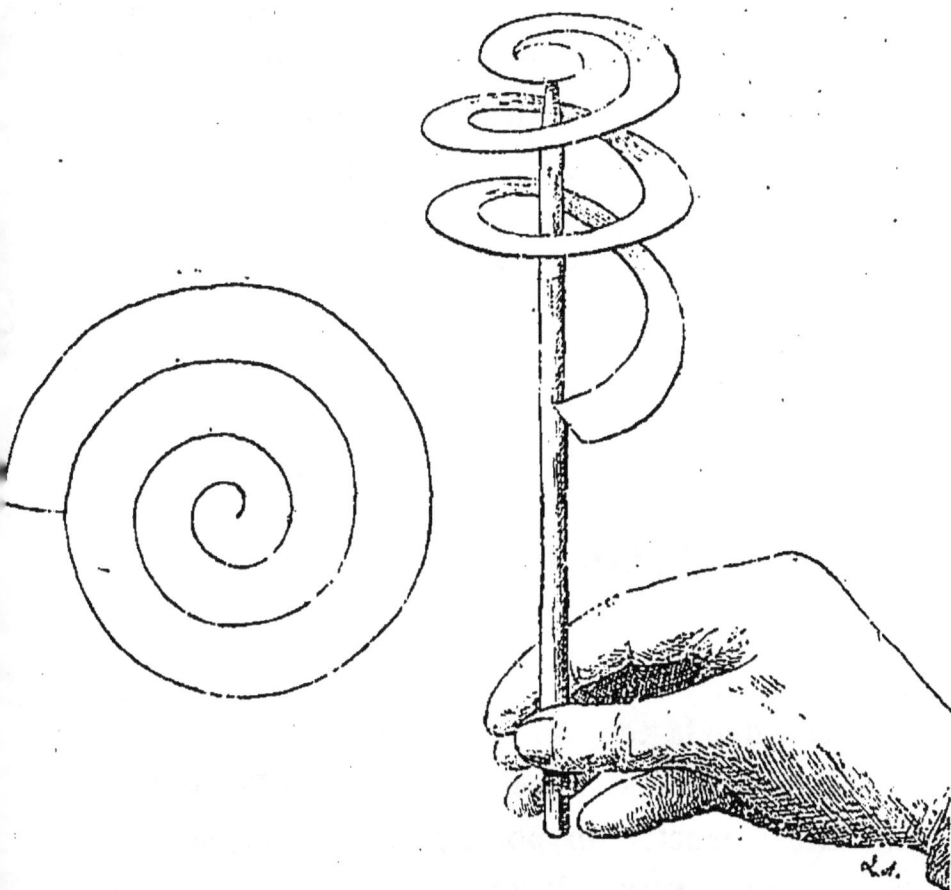

Fig. 42. — Tourniquet à air chaud.

ascensionnel assez considérable. Si on ne veut pas
s'astreindre à maintenir le bâton ou le crayon, portant la spirale on peut monter celle-ci sur un fil de

5

fer dont une extrémité sera maintenue à l'aide d'un
support ou au tuyau directement, si la disposition
de l'appareil de chauffage le permet.

On peut varier cette récréation en utilisant la rotation d'une roue en papier munie de palettes en forme
d'hélice et montée sur un axe horizontal pour faire
mouvoir un pantin. Avec un fil de fer convenablement tourné, on peut également adapter le tout à
une lampe et faire ainsi un élégant fumivore.

~~~~~~~

## UN PETIT CANON A VAPEUR

On sait que la tension de la vapeur d'eau est considérable. Aussi est-il facile de réaliser l'expérience
suivante : achetez un porte-plume de poche en fer
formant tube, versez dedans un peu d'eau, au tiers
de la hauteur à peu près, enfoncez l'extrémité ouverte
dans une pomme de terre, de manière à obtenir un
bouchon, entrant à frottement. Le tube ainsi préparé
vous le maintenez à l'aide d'un bouchon, légèrement
en pente, et vous exposez la partie contenant l'eau à
une flamme quelconque, bougie, lampe, etc. Bientôt

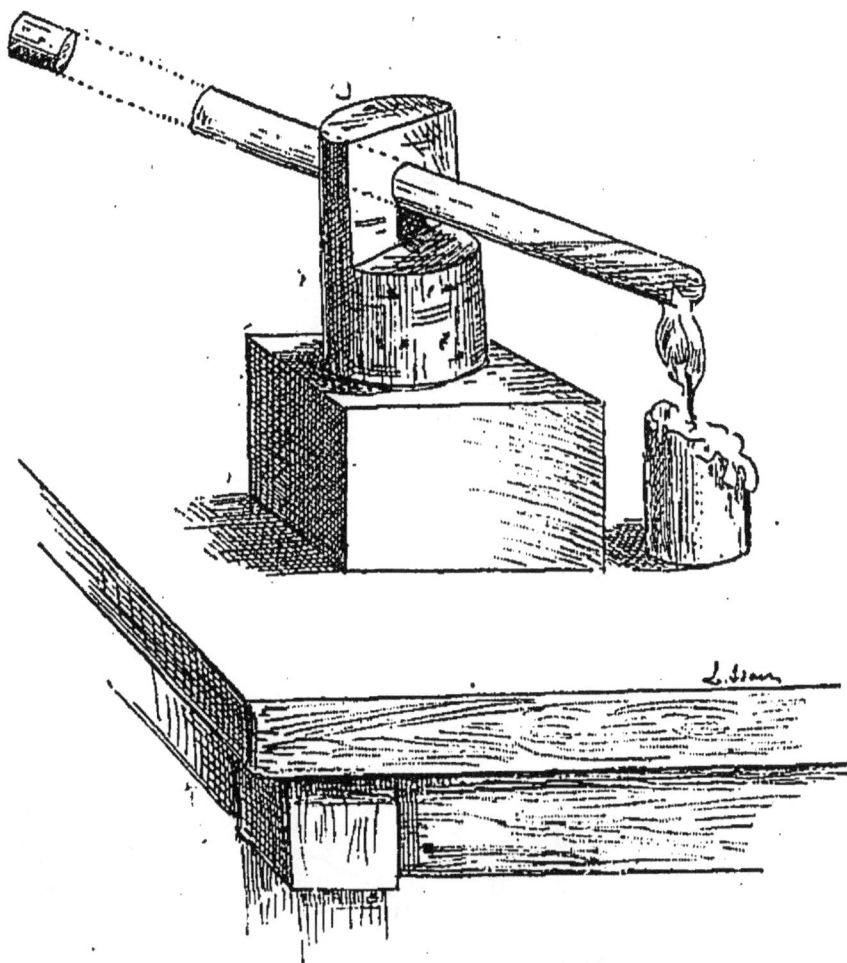

Fig. 43. — Un petit canon à vapeur.

vous entendrez une détonation, le bouchon aura été violemment chassé par la force de la vapeur dégagée.

# LA BALANCE DES GAZ

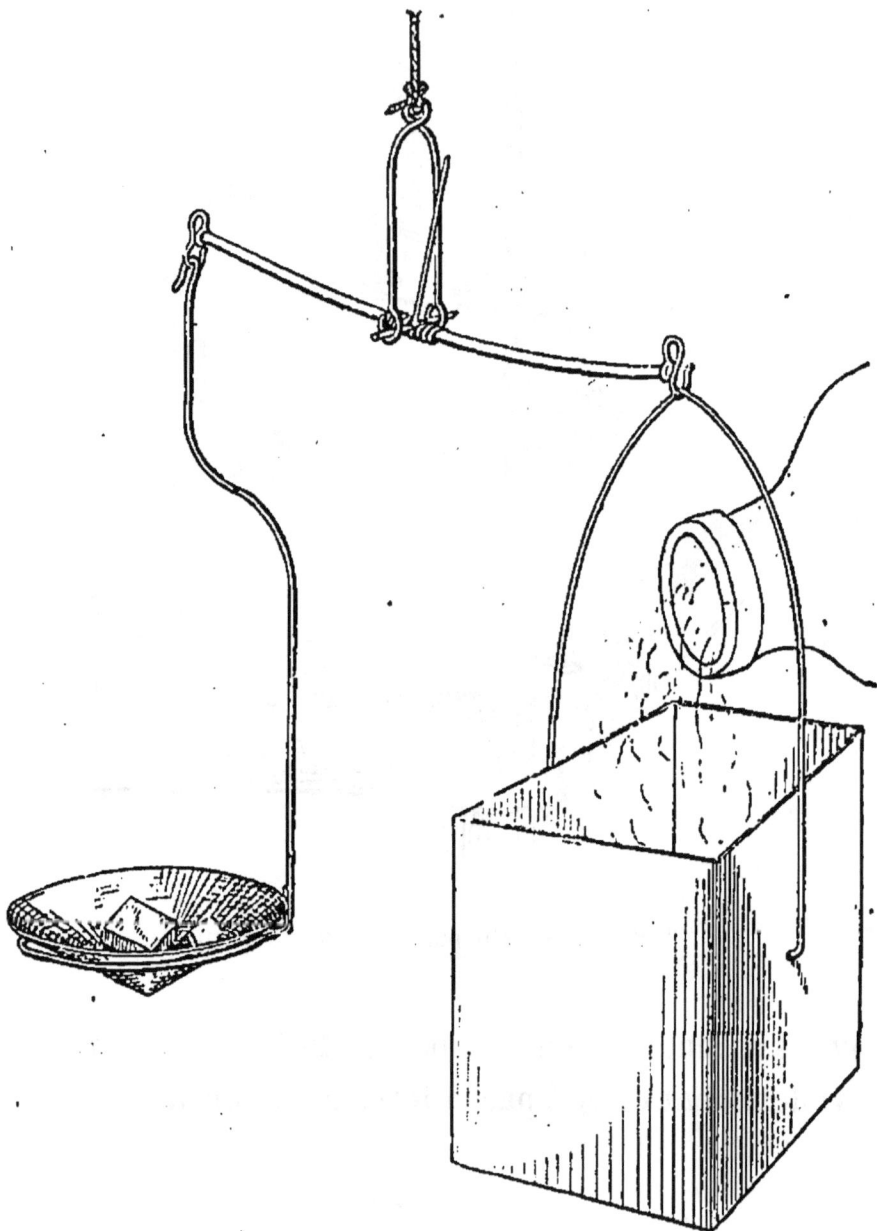

Fig. 44. — Balance des gaz.

Certains gaz pèsent beaucoup plus lourd que l'air. Entre autres le gaz acide carbonique. On peut le vérifier en construisant une balance des gaz. Ce n'est pas difficile ; à l'aide de fil de laiton on dispose plusieurs tiges recourbées comme le montre notre figure 44. L'un des plateaux sera constitué par une boîte en carton assez fort et l'autre par un petit couvercle de boîte ronde. On suspend le tout à l'aide d'une ficelle on équilibre le fléau en mettant dans le plateau destiné aux poids quelques grains de sable, et la balance est ainsi constituée. La fabrication de l'acide carbonique est facile. On l'obtient en versant de l'acide sulfurique sur de la craie ; on le recueille dans un flacon sans crainte qu'il s'échappe puisqu'il est plus lourd que l'air. En versant cet acide dans le carton de la balance, on voit cette dernière manifester une rupture d'équilibre qui est l'indice certain que le gaz que l'on vient d'y verser est pesant. On peut faire une variante très curieuse de cette expérience.

## LA ROUE MAGIQUE

Notre figure 45 représente la forme à donner à

cette construction. Dans de la carte bien solide on

Fig. 45. — La roue magique.

découpe un octogone régulier, on le monte par son
centre sur un axe que l'on pose horizontalement sur

deux montants en fil de fer, fixés dans un pied en bois. Sur chacun des huit côtés on colle huit cornets de papier tous bien semblables. Quand l'appareil est sec, si l'on verse de l'acide carbonique dans les cornets, la roue se mettra à tourner, au grand ébahissement des spectateurs devant lesquels vous opérerez. En effet le gaz acide carbonique étant incolore, les personnes non prévenues ne sauront s'imaginer la cause de la rotation de la roue magique.

## LES TROIS COULEURS

Les liquides ont des densités différentes, pour le prouver d'une façon palpable, prenons un verre dans lequel nous verserons successivement : de l'eau colorée en bleu, de l'huile ordinaire, enfin de l'alcool coloré en rouge. Ces trois liquides une fois au repos se disposeront par tranches et présenteront à l'œil les couleurs du drapeau national. Rappelons à cette occasion que la densité de l'eau étant 1, les densités de l'huile d'olive et de l'alcool sont respectivement de 0,915 et 0,795, ce qui fait que les trois liquides se

Fig. 46. — Les trois couleurs.

superposent dans leur ordre de densité décroissante.

~~~~~~~~

## L'IMAGE D'UN VOLCAN

On peut encore faire l'expérience suivante sur la densité des liquides. On enferme dans un petit flacon

du vin ou de l'alcool coloré, et on ferme avec un bouchon traversé d'un petit tube, plume d'oiseau ou
paille. En descendant avec précaution ce flacon ainsi
préparé dans un bocal rempli d'eau, on voit bientôt

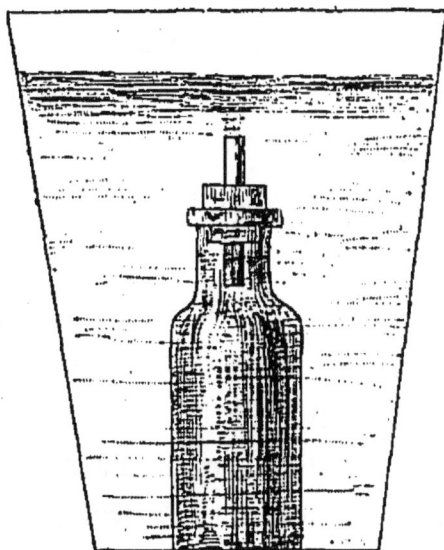

Fig. 47. — L'image d'un volcan.

le liquide s'échapper et monter à la surface de l'eau
en décrivant des spirales qui ressemblent à de la
fumée et donne assez bien l'image, considérablement
diminuée, d'un volcan.

## LES ANNEAUX DE FUMÉE

Lorsque l'air d'une chambre est bien calme, avez-vous remarqué que la fumée de tabac montait doucement et dans une direction presque verticale? N'êtes-vous pas resté même quelquefois songeur en contemplant les doux méandres grisâtres ou bleuâtres que traçait dans l'air la fumée de votre cigare? Et bien, sans vous offenser, chers lecteurs, vous êtes-vous jamais dit que cette fumée s'élevant capricieusement, signifiait que l'air ambiant était calme? En effet, la moindre agitation de l'air fait décrire à la colonne transparente des arabesques fantaisistes.

On peut faire sur l'agitation de l'atmosphère une curieuse récréation. Comme matériel une boîte en carton carrée ou ronde, sur le couvercle de laquelle on aura pratiqué une ouverture ronde de 5 centimètres de diamètre environ. Dans l'intérieur de la boîte on met deux feuilles de papier buvard, imprégnées l'une d'acide muriatique, l'autre d'ammoniaque en quantités égales. Immédiatement il se forme des fumées blanchâtres qui s'échappent par l'ouverture et montent directement vers le plafond.

Si, à l'aide des deux mains, vous faites une série de

pressions sur les côtés de la boîte, vous verrez la fu-

Fig. 48. — Les anneaux de fumée.

mée sortir sous forme d'anneaux très déliés, qui se

perdront rapidement dans l'air, mais se succèderont
tant que vous continuerez la pression. Ces anneaux
résultent de l'ébranlement de l'air que vous occa-
sionnez dans la boîte. On peut du reste faire ces
anneaux avec de la fumée de tabac ordinaire, mais
l'expérience dure plus longtemps comme nous l'in-
diquons.

~~~~~~~

## LE BATON MICROPHONE

Voici une curieuse illusion d'acoustique fondée sur
la conductibilité du son dans le bois.

Prenez un bâton assez long, nettement coupé en
ses deux bouts, par exemple un de ces bâtons qui
servent à enrouler les toiles cirées. Appuyez l'une
des extrémités sur une bonne montre; sur l'autre
posez une montre d'enfant de quelques sous. Si vous
mettez alors votre oreille contre cette dernière
montre, il vous semblera qu'elle marche; vous entendrez distinctement un tic-tac, qui sera celui de la
véritable montre. Le bruit sera transmis par conductibilité et l'on croit absolument entendre marcher la
pseudo-montre.

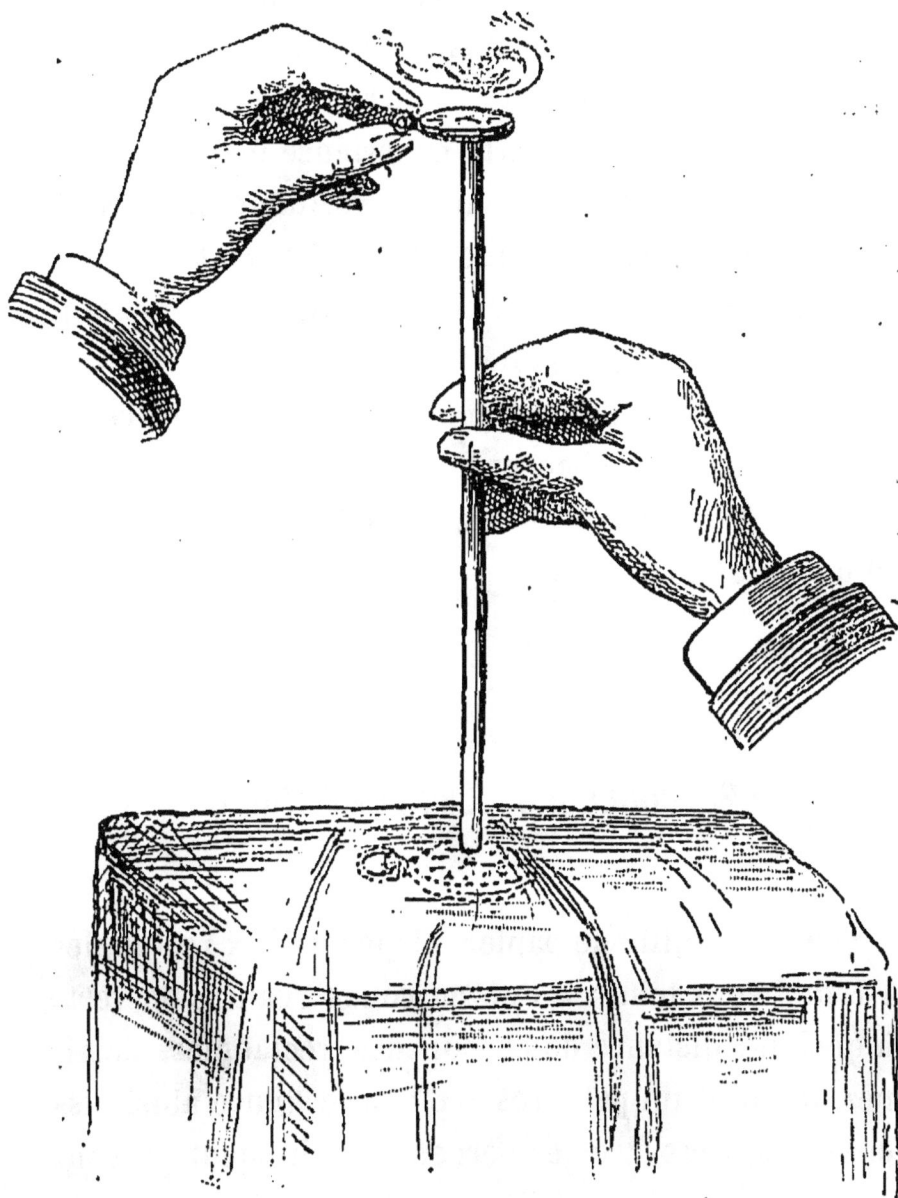

Fig. 49. — Le bâton microphone.

A défaut de montre d'enfant, si vous posez votre oreille contre le bout du bâton, vous entendrez le mouvement de la montre située à l'autre bout, absolument comme si elle était contre votre oreille.

On peut faire avec cette expérience un petit tour, en dissimulant habilement la véritable montre à l'aide d'un tapis ou d'une étoffe. Prenant alors la fausse montre, vous offrez de faire qu'en la mettant sur le bout du bâton elle va marcher. Vous n'aurez qu'à poser l'une des extrémités du bois contre la véritable montre cachée et le son se transmettra parfaitement et vous éveillerez ainsi bien des curiosités et quelque étonnement.

## LES COULEURS COMPLÉMENTAIRES

Sur une feuille de papier, disposez deux rectangles E F que vous teintrez l'un en rouge, l'autre en vert; à quelque distance de chacun des rectangles, dessinez un point un peu gros C C'. Cette figure ainsi disposée, si vous dressez perpendiculairement suivant la ligne pointillée A B, un plan rectangulaire de l'épaisseur d'une carte à jouer environ, et de 20 à 25 centimètres de hauteur, et que vous regardiez l'en-

semble de la figure en appuyant l'extrémité supérieure du plan entre les deux yeux, vous verrez bientôt les deux points noirs *s'avancer* l'un vers l'autre
et finir par se confondre, tandis que le rectangle
rouge *disparaitra* peu à peu absorbé par le rectangle
vert :

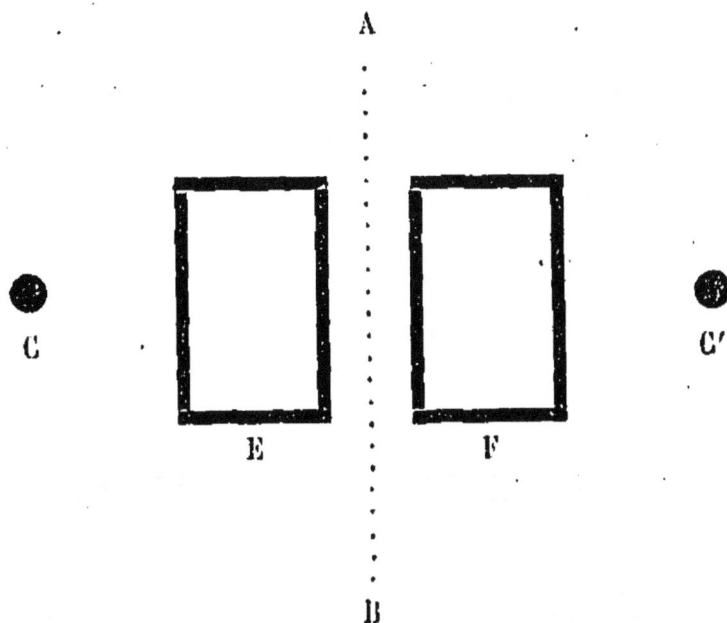

Fig. 49 *bis.* — Les couleurs complémentaires.

Cette curieuse expérience d'optique est basée sur
les couleurs complémentaires.

On sait que la lumière blanche est formée de la
réunion de sept couleurs : le rouge, l'orangé, le
jaune, le vert, le bleu, l'indigo et le violet. Mais ces
sept couleurs peuvent elles-mêmes se résumer en

trois : rouge, jaune et bleu. On comprend dès lors que l'une de ces trois couleurs avec les deux autres puisse former une lumière blanche. Ainsi le vert est le complément du rouge, c'est-à-dire vert et rouge forment la couleur blanche, le vert étant formé du mélange du jaune et du bleu, les trois couleurs principales se trouvent bien réunies ; le bleu est le complément de l'orangé (formé du rouge et du jaune) ; le violet (rouge et bleu) est le complément du jaune.

On pourrait donc faire l'expérience ci-dessus en employant d'autres couleurs complémentaires que celles indiquées.

## LA RECOMPOSITION DE LA LUMIÈRE

Nous avons vu dans les couleurs complémentaires que la lumière est formée de la réunion de sept couleurs : lorsqu'un rayon de lumière passe à travers un prisme il se décompose et l'image reçue présente les couleurs de l'arc-en-ciel. Or, dans les cabinets de physique, il existe un appareil assez compliqué qui reconstitue la lumière blanche. C'est un disque sur lequel les couleurs du spectre sont peintes et qu'on fait tourner rapidement. L'impression reçue en regardant ce disque en mouvement est l'absence de toute couleur, c'est la lumière blanche que l'œil perçoit.

Voici une manière de réaliser cette expérience sans autres objets qu'un disque de carton et une ficelle. Sur ce disque vous peignez en petits fuseaux les couleurs du spectre, de manière à les répéter quatre ou cinq fois et dans l'ordre suivant : rouge, orangé, jaune, vert, bleu, indigo, violet. En représentant par 1 la largeur du fuseau orangé, à son extrémité près de la circonférence, voici la largeur approximative des fuseaux : rouge 2 1/2, orangé 1, jaune 2 1/2, vert 2, bleu 2 1/2, indigo 1 1/2, violet 2 1/2. Maintenant sur l'un des diamètres du disque vous ferez deux trous par les-

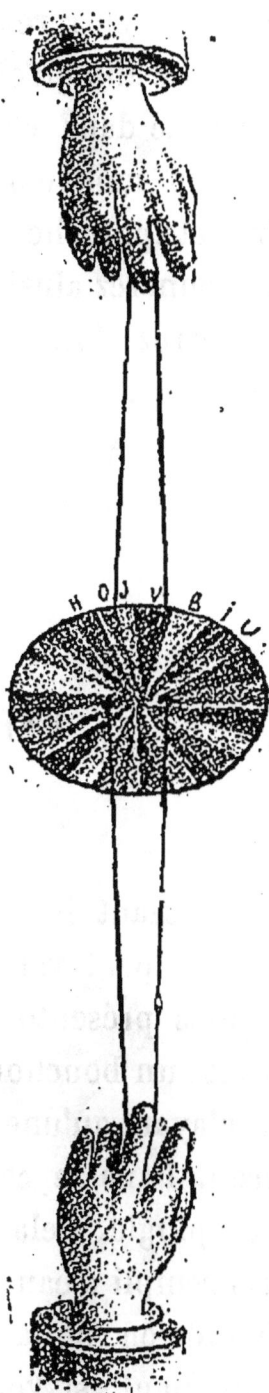

Fig. 50. — Recomposition de la lumière.

quels vous entrerez une ficelle, dont vous nouerez l'extrémité afin qu'elle soit sans fin. Vous en prendrez l'extrémité dans chaque main, et après avoir imprimé un mouvement de rotation au disque, vous tirerez et approcherez successivement les deux mains ; vous donnerez ainsi un fort mouvement au disque et vous verrez alors se réaliser la recomposition de la lumière.

## L'ÉPINGLE FANTOME

En étudiant les propriétés de réflexion de la lumière, on peut varier les exemples à l'infini. Celui que nous présentons ici nous paraît curieux.

Prenez un bouchon de liège et découpez une rondelle n'ayant qu'une certaine épaisseur, 1 centimètre environ. Dans le centre, vous enfoncerez la pointe d'une épingle. Cela fait, prenez un verre aux trois quarts rempli d'eau et posez le bouchon à la surface du liquide en mettant l'épingle au-dessous.

Maintenant, si vous regardez au-dessus du bou-

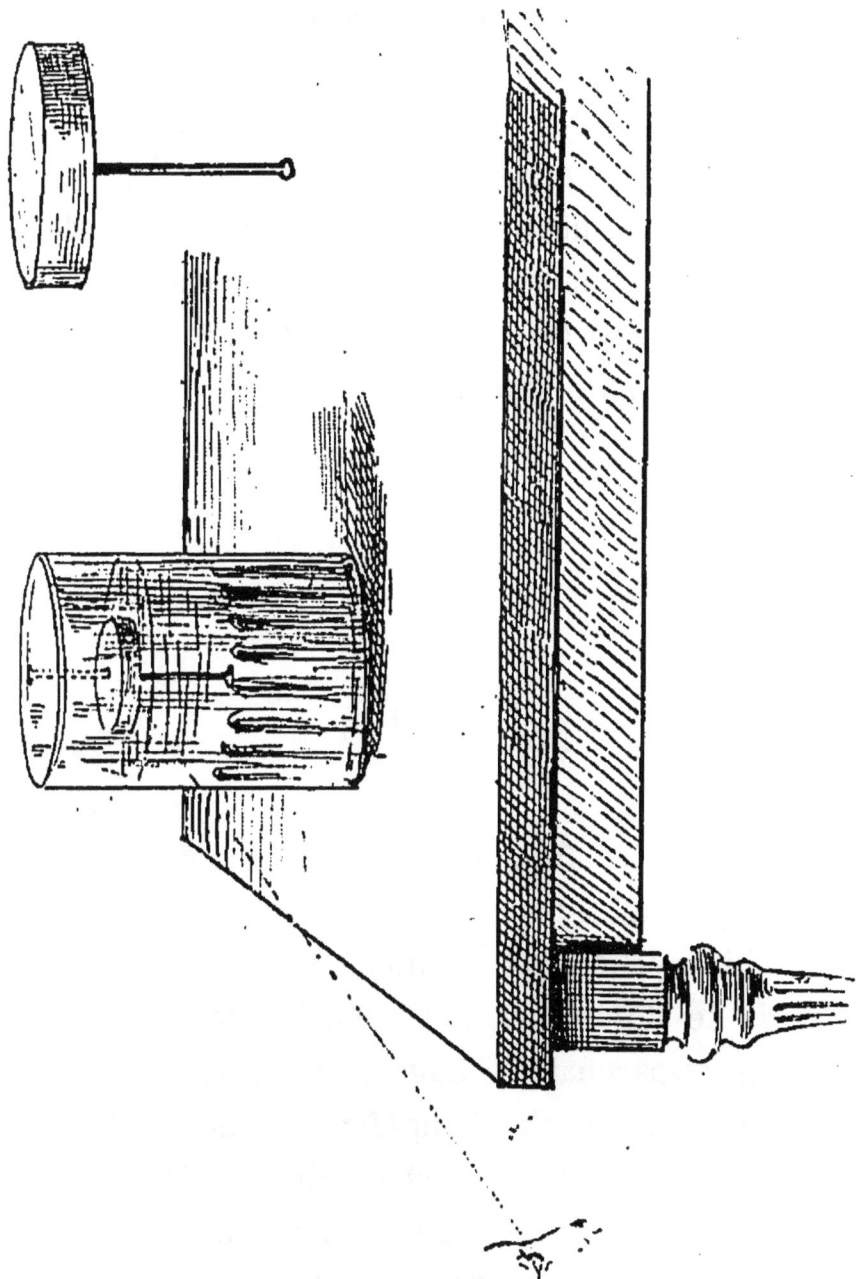

Fig. 51. — L'épingle fantôme.

chon, vous n'apercevrez pas d'épingle, mais si vous vous déplacez et que vous rabaissiez le sens du rayon visuel, en mettant votre œil à la hauteur de la.table sur laquelle le verre est posé, vous apercevrez une épingle au-dessus du bouchon.

C'est le phénomène de la réflexion totale qui s'est produit. L'épingle s'est réfléchie sur la surface de l'eau et le rayon visuel venant aboutir à cette surface voit l'épingle absolument comme si elle était sur le bouchon.

## AMPHITRITE

Dans les fêtes foraines et dans quelques établis-sements parisiens, notamment aux Montagnes russes, on a exhibé, pendant plusieurs mois, une variante des spectres de Robin, qui offre une illusion d'optique des plus remarquables. Sous le nom d'Amphitrite, on offre le spectacle d'une femme, costumée en maillot, qui semble sortir de l'onde, qui s'élève, qui s'agite dans le vide sans que rien de visible semble la soutenir. Elle se trouve complètement isolée dans l'espace : elle tourne sur elle-même, accomplissant

parfois une circonférence, agitant tantôt les jambes,
tantôt les bras, souvent fort gracieusement; puis,

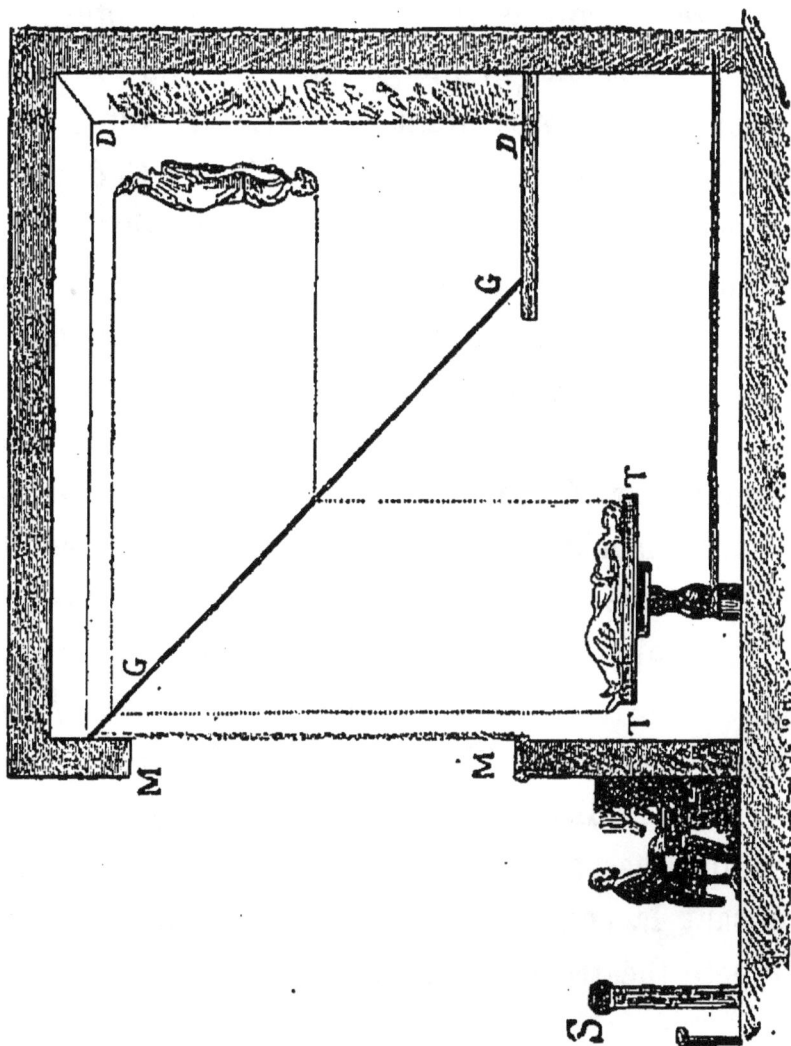

Fig. 52. — Explication d'Amphitrite.

après plusieurs évolutions en tous sens, elle se tient
droite, et descend rapidement, semblant plonger
dans le décor qui figure l'océan. Ce spectacle pro-

voque toujours une illusion très sensible et un pro-
fond étonnement.

Voici comment cette illusion se produit :

Derrière une mousseline MM bien tendue, figure un
décor DD avec ciel et nuages, au bas une toile, au
premier plan, représentant la mer. En avant, suivant GG, est une glace sans tain inclinée à 45 degrés.
En dessous de cette glace se trouve une table ronde
se mouvant sur un pivot, et sur laquelle se couche
l'actrice chargée de représenter Amphitrite. En exécu-
tant divers mouvements, la table, tournant sur elle-
même, reflète dans la glace l'image de la personne
vivement éclairée, et les spectateurs, placés en S,
verront l'image devant la toile de fond DD ; lorsqu'il
s'agit de faire disparaître complètement l'illusion,
on tire la table, qui glisse sur des rails, et l'Amphitrite semble s'abîmer dans les eaux. C'est par ce
procédé qu'on obtient les spectres au théâtre.

On peut réaliser chez soi cette curieuse illusion
d'optique, basée sur la réflexion de la lumière, en
réduisant la construction aux simples proportions
d'un petit théâtre de marionnettes.

# LES ILLUSIONS D'OPTIQUE

On peut, en profitant des illusions de la vue, faire
un grand nombre d'expériences. Ainsi, lorsqu'une
personne a un chapeau haut de forme sur la tête,
demandez à quelle hauteur viendrait ce chapeau mis
à terre, contre un mur ou un meuble. Neuf fois sur
dix, l'endroit indiqué sera d'un tiers plus haut que
ne l'est réellement le chapeau. La figure 53 repré-

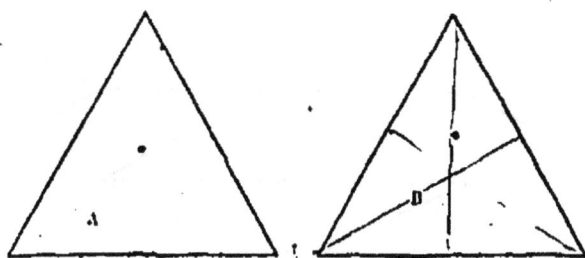

Fig. 53.

sente deux triangles. On demande quel est celui des
deux dont le centre est le mieux indiqué. Chacun
vous dira : c'est le triangle A; eh bien, c'est le
triangle B. Prenez un compas, vous allez vous en
assurer. Il en est de même pour les figures 54, 55
et 56. Les deux parallélogrammes A B sont absolu-

ment égaux, et pourtant A paraît plus grand que B.
Les deux lignes A et B sont de même longueur;
B semble d'un tiers plus petite que l'autre; les côtés

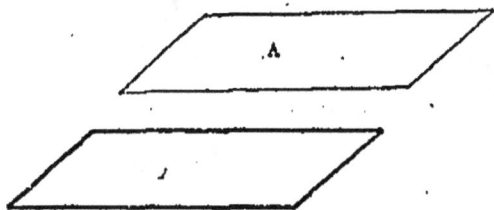

Fig. 54.

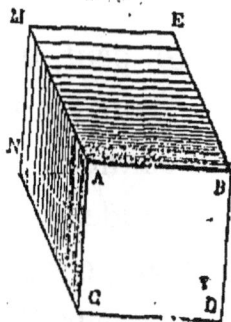

Fig. 55.

Fig. 56.

AB, CD, BD (fig. 55), etc., et BE, AM, EM, etc., sont
égaux, et il paraît à l'œil que la surface ABEM soit
plus longue que le carré ABCD.

Pour la figure 57, c'est une autre affaire; tracez sur
une feuille de papier une suite de cercles de plus en
plus rapprochés en allant vers le centre. Promenez,

en tournant horizontalement, cette feuille sur votre
pouce, il vous semblera que les ronds tournent; vous

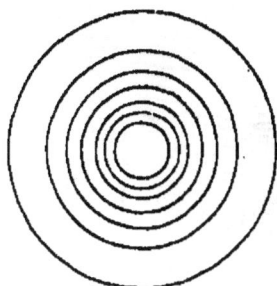

Fig. 57.

aurez beau mettre toute votre attention, l'illusion
sera complète.

Pour terminer cette série, qui peut se varier à
l'infini, nous vous adresserons à notre tour cette
question : Quel est le plus grand personnage (au
physique, bien entendu) des trois hommes politiques
figurés sur notre gravure 58? Est-ce le premier, le
dernier, celui du milieu? Cherchez, sans instrument
naturellement, seulement à l'aide de vos yeux que
nous supposons bons et loyaux. Il vous semblera au
premier abord que le dessinateur s'est trompé et
qu'il a mal observé les lois de la perspective. Le dernier *paraît* plus grand, tandis que le premier semble
rapetissé à loisir. Prenons une pointe de compas, et
du coup notre illusion tombe. Le dessinateur ne s'est

Fig. 58.

pas trompé : les personnages vont en décroissant de hauteur.

C'est sur cette expérience que nous terminerons
les illusions d'optique.

~~~~~~~

## EXPÉRIENCE SIMPLE D'ÉLECTRICITÉ STATIQUE

Nous allons donner maintenant quelques expériences d'électricité faciles à réaliser.

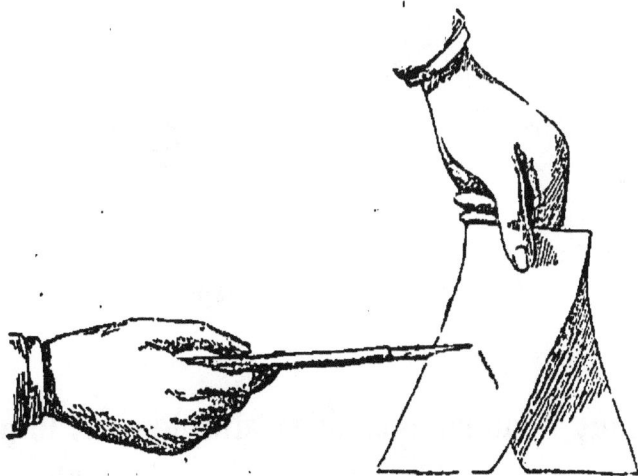

Fig. 59. — Première expérience.

Un morceau de feuille de papier écolier va nous
permettre de réaliser une première expérience d'électricité statique.

Prenez un morceau de papier blanc assez fort et chauffez-le légèrement afin de chasser toute trace d'humidité. Cela fait, frottez-le avec de la flanelle ou du drap; la flanelle est préférable. On peut frotter la feuille encore chaude avec la paume de la main si celle-ci est sèche. Si vous approchez ensuite le papier de la flanelle, vous voyez qu'il est attiré, preuve que les deux corps sont chargés d'électricité contraire, car ils attirent tous deux un corps léger non électrisé.

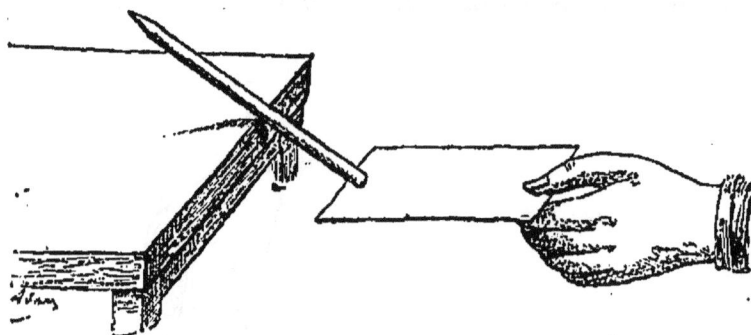

Fig. 60. — Deuxième expérience.

On peut vérifier tout aussi simplement le pouvoir des pointes. Lorsque le papier a été bien frotté, déchirez-le en deux morceaux et fixez-les ensemble par le haut. Les deux morceaux, chargés d'électricité de même signe, se repousseront. Approchez alors une plume d'un des morceaux, toute son électricité s'échappe par la plume en faisant entendre un léger

crépitement, et, n'étant plus électrisé, il est attiré
par l'autre papier. Dans l'obscurité on aperçoit en
même temps une étincelle électrique (fig. 59).

Voici une autre façon de vérifier que le papier
s'électrise par le frottement. Posez un crayon en
équilibre sur l'angle d'une table; si vous approchez
le papier que vous aurez frotté, vous verrez le crayon
s'incliner vers la feuille de papier et peut-être perdre
'équilibre et tomber (fig. 60).

## ATTRACTION MAGNÉTIQUE

Munissez-vous d'un simple aimant (même du prix
d'un modeste sou); faites-le tenir droit sur un côté,
comme l'indique la figure, en le fixant sur votre
table avec de la cire ou du mastic; prenez ensuite
une aiguille à fil et un cheveu de femme, et attachez
les deux bouts de ce cheveu à chaque extrémité de l'aiguille. Enfoncez en face de l'aimant une épingle au
milieu de laquelle vous ferez tenir, par un peu de
cire également, le milieu du cheveu plié en deux. Il
faut que l'aiguille soit éloignée de 2 ou 3 millimètres
au plus de l'aimant. L'aiguille se trouvant attirée,

mais retenue par le cheveu, restera suspendue par l'attraction magnétique.

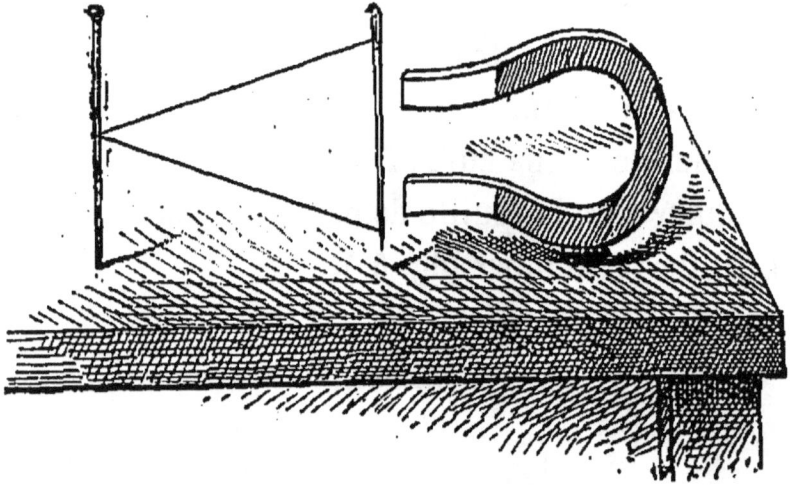

Fig. 61. — Attraction magnétique.

Cette expérience, peu coûteuse et intéressante, est facile à réussir avec un peu de patience.

~~~~~~

## LE SPECTRE MAGNÉTIQUE

Prenez une feuille de papier de 10 centimètres carrés et enduisez-la avec de l'huile à manger ou de ricin, celle-ci de préférence. Versez sur cette feuille de la limaille de fer très fine, puis en dessous placez un aimant; en secouant doucement ensemble la feuille

et l'aimant, vous obtiendrez ce qu'on appelle en physique un spectre magnétique. Sitôt le dessin formé,
ainsi que le montre notre figure, vous pourrez, si

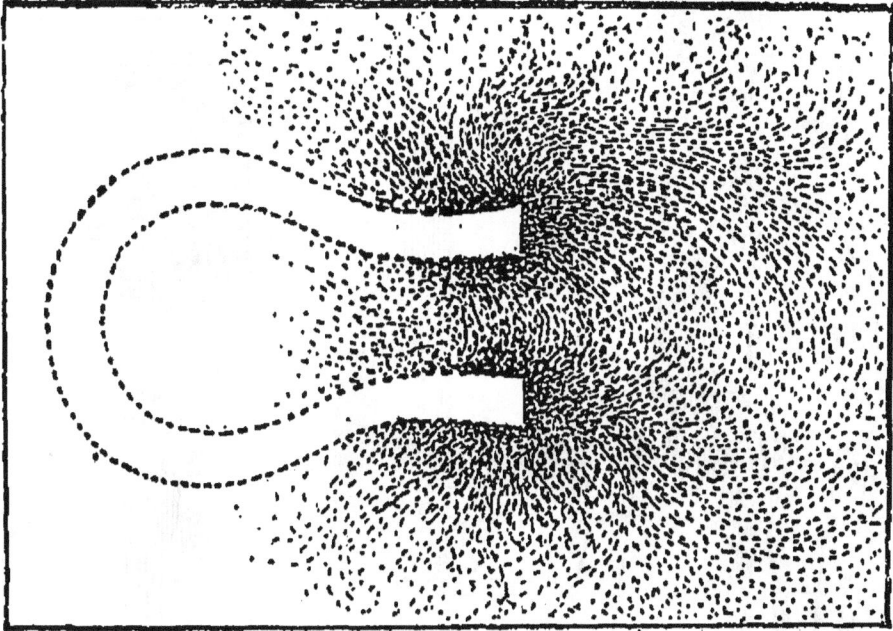

Fig. 62. — Spectre magnétique.

vous le voulez, conserver ce dessin un temps indéfini,
car la limaille de fer restera fixée au papier au
moyen de l'huile.

~~~~~~~~~

## LE MAGNÉTISME ANIMAL

Pour constater d'une façon expérimentale le magnétisme animal, l'appareil suivant, des plus simples

et vraiment pas difficile à construire, va nous servir.
Dans un bouchon piquez une aiguille, la pointe en

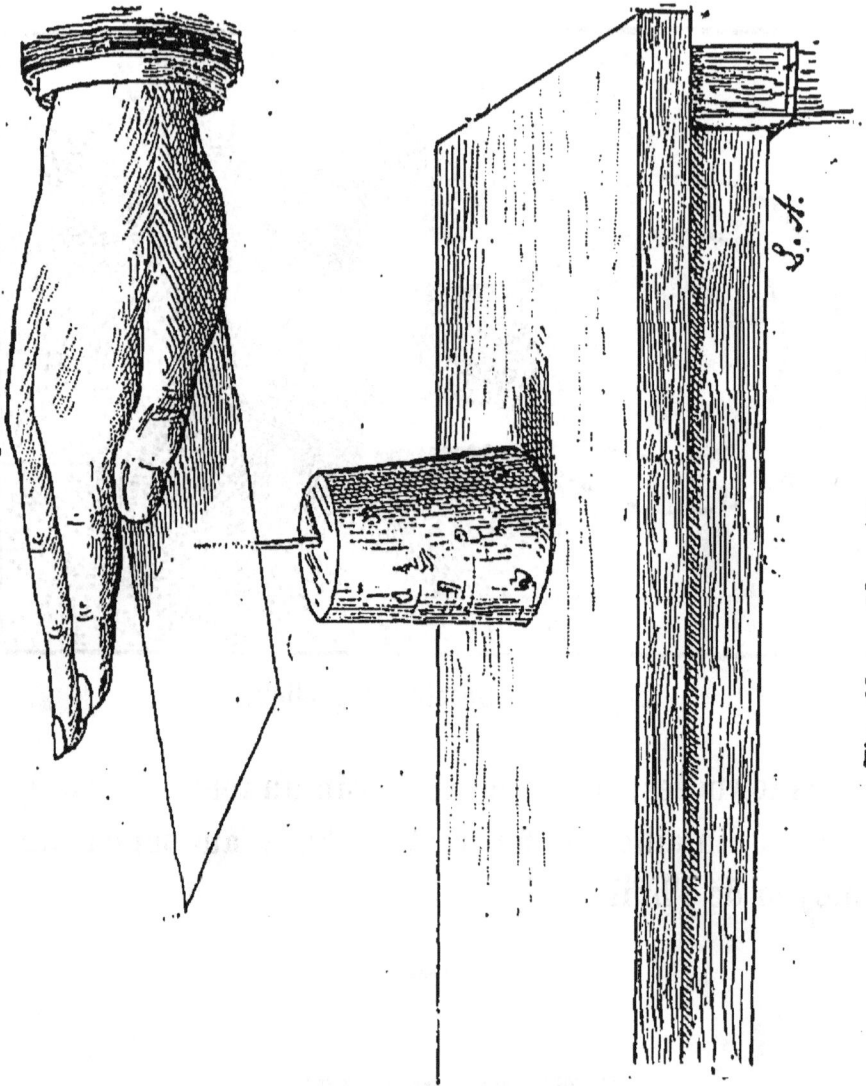

Fig. 63. — Magnétisme animal.

l'air. Sur ce pivot, disposez horizontalement une
feuille de papier qui soit en parfait équilibre. Si,

maintenant, vous placez votre main au-dessus de la
feuille de papier, il se manifestera aussitôt un mouvement de rotation : la feuille se déplacera de droite
à gauche. Ce mouvement sera causé par l'influence
magnétique de la main.

## PRINCIPE DE LA PILE DE VOLTA

Il n'est pas besoin d'appareils coûteux pour réaliser
chez soi quelques expériences d'électricité.

Une dizaine de gros sous, autant de rondelles de
drap et de zinc, et voilà les éléments constitutifs
de la pile de Volta. On forme une pile du tout en
mettant d'abord une rondelle de zinc, puis un gros
sou, une rondelle de drap et ainsi de suite jusqu'en
haut, qui doit finir par le cuivre. On lie le tout à
l'aide d'une ficelle et on laisse tremper dans du
vinaigre très fort. On peut ajouter quelques gouttes
d'acide acétique, mais ce n'est pas utile lorsque le
vinaigre est suffisamment bon. On attache à la rondelle de zinc qui se trouve à l'extrémité inférieure de
la pile un fil de laiton, on procède de la même manière pour le sou (cuivre) qui se trouve à la partie
supérieure de la pile et on obtient ainsi deux con-

7

ducteurs : l'un d'électricité négative, l'autre d'électricité positive. Naturellement le courant ne sera pas très fort; néanmoins on pourra faire les expériences suivantes :

Réunir les deux fils sur la langue : on ressentira un léger picotement.

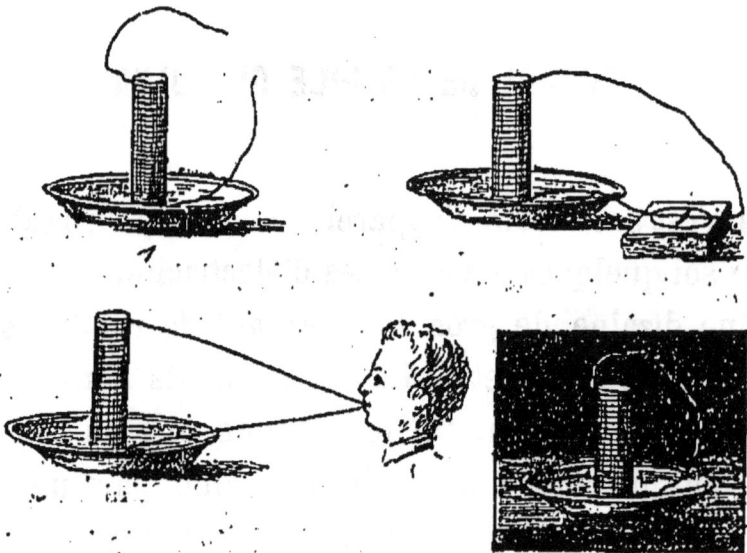

Fig. 64. — Principes de la pile de Volta.

En réunissant le courant au-dessus d'une boussole, on fera dévier l'aiguille.

Enfin, dans une chambre sans lumière, en approchant les deux extrémités des fils, on apercevra de petites étincelles électriques.

## LA PILE-CITRON

Prenons maintenant un simple citron, et nous allons fabriquer une pile.

Coupez-le à un tiers des bouts, de manière qu'il vous reste les deux tiers, enfoncez la lame d'un cou-

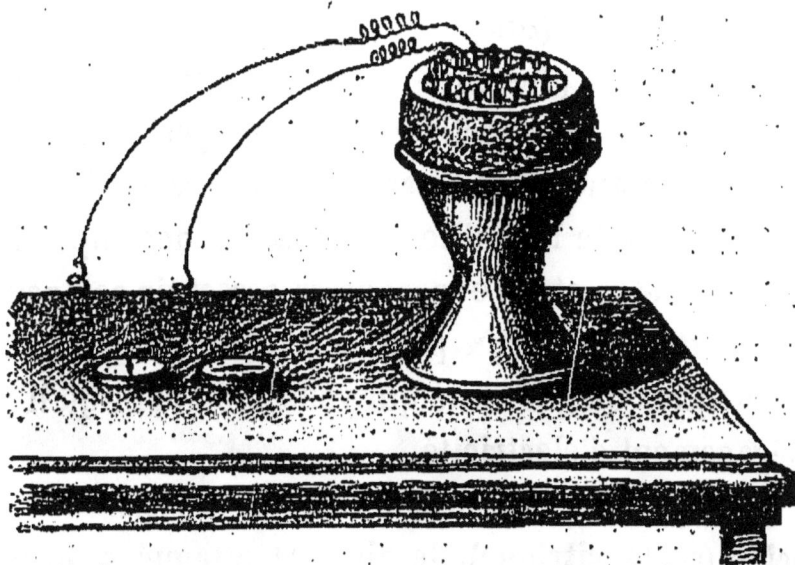

Fig. 65. — La pile citron.

teau dans chaque compartiment pour détruire les petites fibres intérieures, en ayant bien soin de ne pas détruire les séparations des tranches. Pour soutenir le citron, mettez-le dans un coquetier ou dans un verre. Préparez ensuite de petites lames de cuivre

de 4 centimètres de longueur, ou, à défaut de la-
melles, des fils de cuivre un peu gros, et de petites
lames de zinc de même longueur. Placez une lame
de zinc et une lame de cuivre dans chaque compartiment, en ayant soin de ne pas les faire se toucher.
Avec du fil de cuivre très fin, vous reliez le zinc d'un
compartiment avec le cuivre de l'autre, et ainsi de
suite jusqu'à ce qu'il vous reste un zinc et un cuivre
de libres. Vous aurez alors un pôle positif (cuivre) et
un pôle négatif (zinc).

Cette pile à plusieurs éléments (autant d'éléments
qu'il y a de compartiments), d'un genre nouveau,
vous permettra de réaliser, entre autres expériences,
la déviation de l'aiguille aimantée, la décomposition
de l'eau, etc., etc. Vous pourrez ressentir son action
en mettant les deux pôles sur votre langue; vous
ressentirez un goût salé qui vous indiquera qu'il y a
dégagement d'électricité.

L'application est simple : le jus de citron étant
acide (acide citrique), le zinc est attaqué et dégage
de l'hydrogène qui, combiné avec l'oxygène du
liquide, attaque à son tour le cuivre; comme dans
toute réaction chimique il y a dégagement d'électricité, il ne suffit plus que de la recueillir; tel est le
principe de la pile-citron.

## ATTRACTION ET RÉPULSION ÉLECTRIQUES

On sait que les pôles de même nom se repoussent et que les pôles contraires s'attirent; autrement dit,

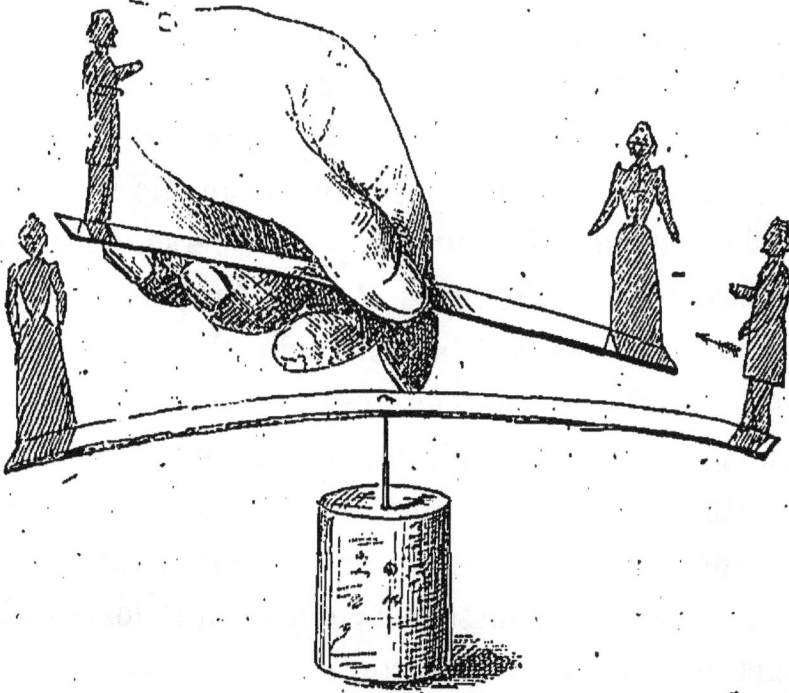

Fig. 66. — Attraction et répulsion électriques.

l'électricité négative ou positive attire l'électricité de signe contraire, tandis que les électricités de signes semblables se repoussent.

Pour démontrer ce principe, nous allons construire un petit jouet qui sera aussi intéressant
qu'agréable à voir fonctionner.

Comme pivot, une aiguille plantée dans un bouchon; comme aiguilles aimantées, deux vieux buscs
de corset font très bien l'affaire; à défaut, un ressort
de pendule les remplacera. Aimantez ces tiges
d'acier soit à l'aide d'un barreau aimanté, soit à
l'aide d'une machine. Au milieu d'une tige pratiquez un petit enfoncement afin que l'aiguille puisse
pivoter librement sur le bouchon sans crainte de la
voir tomber. Vous avez ainsi constitué une boussole.

Découpez ensuite quatre petits personnages en
papier, soit deux hommes et deux femmes, et collez
ces personnages à l'extrémité de chacune des aiguilles aimantées, en mettant à chaque bout un personnage contraire, soit un homme et une femme.

Maintenant, chaque fois que vous présenterez un
homme à l'autre homme qui est sur l'aiguille aimantée, ils se repousseront; si c'est une femme, les
deux personnages s'attireront.

L'explication est facile : Vous aurez eu soin de
coller ces découpages sur des pôles contraires : un
homme sur le pôle positif, une femme sur le pôle
négatif. Ainsi se trouvera démontré le principe
énoncé en commençant.

On peut agréablement varier cette expérience en

remplaçant l'homme et la femme par des personnages en vue du moment et en les mettant par groupe
*antipathique.*

~~~~~~~

# LES COULEURS MÉTALLIQUES

La production des ronds de Nobili est une expé-

Fig. 67. — Les couleurs métalliques.

rience électro-chimique très simple, très amusante,

et qui ne demande, pour être réalisée, qu'une ou deux batteries ou encore une machine magnéto-électrique.

Pour produire des ronds d'espèces variées et de

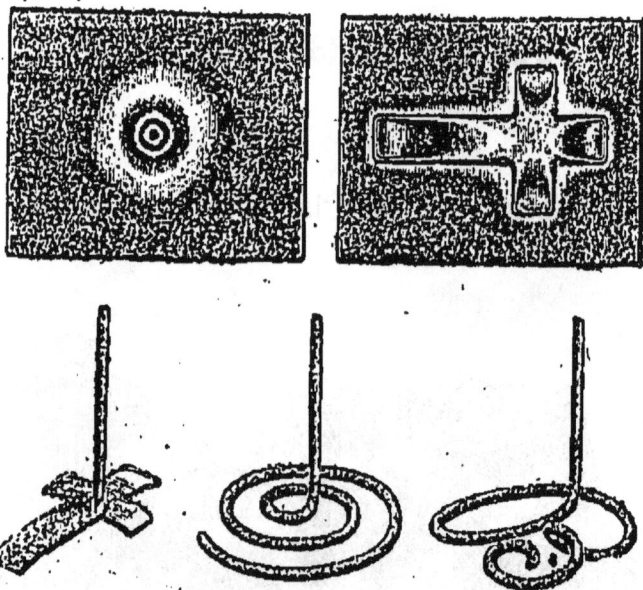

Fig. 68. — Différentes dispositions des anodes.

brillantes couleurs, on prend de préférence une batterie de piles Bunsen ou Grenet; on place dans une soucoupe ou dans une assiette de fabrication commune une plaque d'acier ou de nickel, mise en communication à l'aide d'un fil de laiton avec le pôle

négatif; le fond de la soucoupe doit être relié au
pôle positif de la batterie. On verse ensuite sur la
plaque une solution d'acétate de plomb. Le fil qui
relie la soucoupe doit être près de la plaque de métal, mais sans la toucher, comme le montre la figure
67. Au bout d'un moment une tache de couleur appa-
raît sur la plaque, et peu de temps après elle s'étend
rapidement et forme des ronds concentriques de couleurs prismatiques du plus curieux effet (fig. 68).

Avec un peu de pratique on peut déterminer le
temps nécessaire pour obtenir les plus beaux coloris
et varier ainsi les effets obtenus. Il faut avoir soin,
lorsque l'opération est terminée, de laver la plaque
et de la sécher.

Les couleurs sont dues à la décomposition de la
lumière par l'excédent de peroxyde de plomb déposé
sur la surface du plat. Pour obtenir de bons résultats, la plaque doit être soigneusement polie, et la
solution de plomb filtrée avec soin.

On peut produire différentes formes de figures,
en variant l'anode, à l'aide d'un fil de laiton courbé,
en forme de lettre ou d'un dessin.

Les ronds de Nobili ressemblent aux anneaux de
Newton; les couleurs sont intenses et fort agréables
à la vue. Le célèbre physicien découvrit ce phénomène en 1826; depuis ce temps différentes modifica-
tions y ont été apportées. Il est très employé pour l'or-

nementation de petits objets comme boutons, perles
pour joaillerie, bijouterie.

<center>~~~~~~</center>

## LE POIDS DE LA VAPEUR D'EAU CONTENUE
## DANS L'AIR

Prenez un litre ordinaire et bouchez-le avec un
bouchon que vous aurez préalablement percé de deux
trous. Dans l'un vous engagerez un tube A qui vienne
affleurer la surface intérieure du bouchon, dans
l'autre un tube C qui ira jusqu'au fond et qui sera
réuni par un tuyau de caoutchouc B, au cylindre en verre O, rempli de pierre ponce en
poudre, imbibée d'acide sulfurique. L'appareil
ainsi disposé est prêt à fonctionner. Lorsque vous
voulez vous rendre compte de la quantité de vapeur
d'eau contenue dans l'air, pesez le tube O contenant
la pierre ponce imbibée d'acide sulfurique et remet-
tez-le à sa place, puis remplissez le litre d'eau et re-
tournez-le. Le liquide s'écoulera par le tube A et l'air
arrivera dans le tube C après avoir laissé son humidité dans le cylindre O. Quand le litre sera entière-

ment vide, il n'y aura plus qu'à peser une seconde
fois le cylindre O et on aura le poids de la vapeur

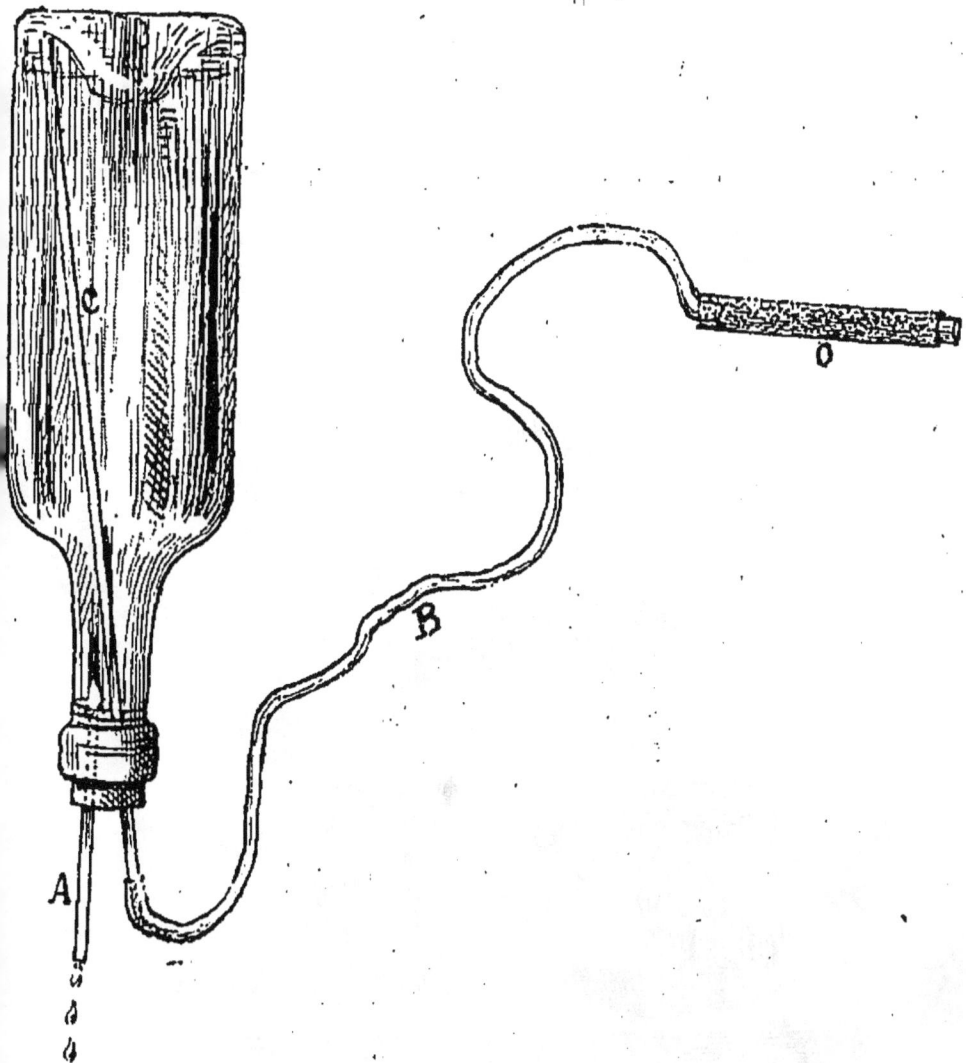

Fig. 69. — Un hygromètre.

d'eau contenue dans un litre d'air. Un simple calcul
permettra d'établir la proportion. Par exemple si la

différence des pesées donne 1 centigramme, on en
concluera donc qu'un mètre cube d'air contiendra
10 grammes de vapeur d'eau.

~~~~~~

## BEC DE GAZ... ÉLÉMENTAIRE

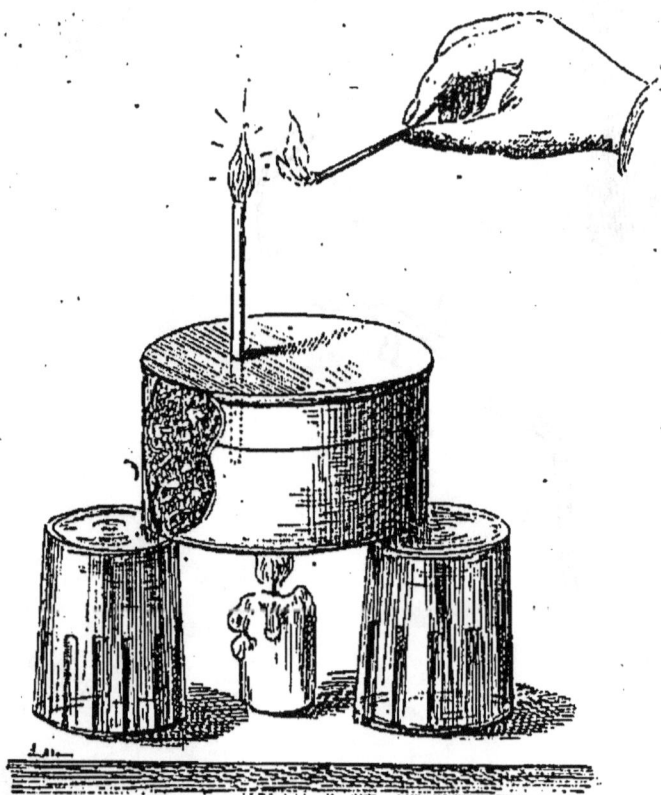

Fig. 70. — Bec de gaz élémentaire.

Remplissez de sciure de bois et de morceaux de

buvard épais une boîte en fer-blanc cylindrique, ancienne boîte de cirage, par exemple, ayant au moins 5 centimètres de haut, fermez-la le mieux possible et introduisez un petit tube de métal ou de verre dans le couvercle de façon que l'extrémité qui pénètrera dans la boîte arrive au tiers de celle-ci, assurez le joint à l'aide de mastic de vitrier. Mettez cette boîte dessus deux supports quelconques et allumez dessous une flamme de lampe ou de bougie. Bientôt la sciure et les morceaux de buvard surchauffés dégageront des vapeurs d'alcool et des gaz combustibles. Approchez une allumette du tube et vous verrez le gaz s'enflammer et continuer à brûler.

## ARBORISATIONS MÉTALLIQUES

Dans un flacon contenant une dissolution de silicate de potasse, mettez des cristaux de sulfate de fer. Après une journée de repos il se produira une cristallisation arborescente qui donnera naissance à des rameaux vert foncé.

Du sulfate de cobalt donnera des rameaux roses.

Du sulfate de cuivre des rameaux d'une belle couleur bleue.

## CRISTALLISATIONS INSTANTANÉES.

On prépare deux dissolutions très fortes :

Une d'hyposulfite de soude;

Une d'acétate de plomb.

On verse doucement dans une éprouvette la première solution, puis la seconde de façon qu'elle forme une couche supérieure et qu'elle ne se mêle pas avec la première. Quand le tout est bien reposé, si l'on descend à l'aide d'un fil un cristal d'hyposulfite de soude dans la solution, il traversera la couche d'acétate sans la troubler, mais sitôt qu'il pénétrera dans l'hyposulfite, il fera cristalliser ce sel instantanément. On procède de même par l'acétate de plomb, qui cristallise à son tour.

## LE CAMPHRE DANS L'EAU

Si vous mettez des petits morceaux de camphre sur l'eau, vous les verrez tourner avec une grande rapidité l'un autour de l'autre. Ces mouvements sont dus à la diminution de la tension superficielle du liquide

au voisinage des morceaux de camphre. Pour les arrêter, jetez une goutte d'huile et vous obtiendrez un
calme plat. On peut utiliser le camphre pour faire
une récréation amusante. On construit un petit bateau en papier ou en carte et l'on attache en dessous
à l'arrière un morceau de camphre. Vous verrez votre
bateau qui évoluera sur l'eau. Les personnes qui ne
seront pas initiées, seront fort intriguées et cherche-
ront longtemps quel est le moyen de locomotion de
ce petit esquif.

## LES VOLCANS EN MINIATURE

Fig. 71. — Les volcans en miniature.

Dans un godet de porcelaine, assez grand, placez

dans le fond du nitrate de plomb, versez ensuite du
sel ammoniac, il se formera une infinité de petites
élévations desquelles sortiront des vapeurs et des
poussières donnant une image très réussie de volcans
en éruption.

## POUR FAIRE DE LA GLACE

On met dans un seau un récipient contenant l'eau
à geler, puis on verse autour un mélange de 8 parties de sulfate de soude avec 5 parties d'acide chlorhy-
drique. On obtient ainsi un froid de 15 à 17 degrés
au-dessous de zéro.

On peut également employer 1 partie de nitrate
d'ammoniaque et 1 partie d'eau.

En hiver, lorsque l'on a de la neige à sa disposition,
on prend 1 partie de neige et 1 partie de chlorure
de calcium (sel marin), on obtient un froid de 20 degrés au-dessous de zéro.

## COUPER UNE BOUTEILLE AVEC UNE FICELLE

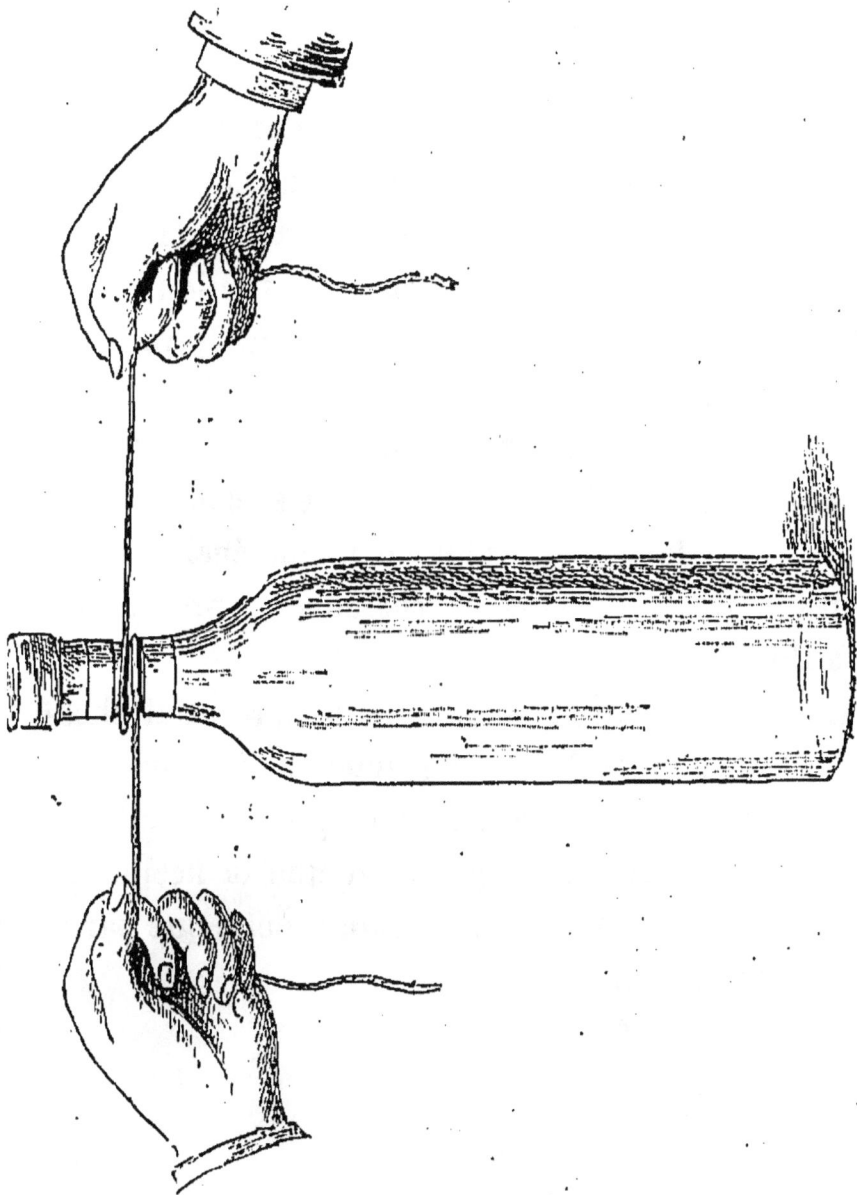

Fig. 72. — Bouteille coupée à l'aide d'un ficelle.

Coller d'abord deux bourrelets de papier de chaque

côté de l'endroit où vous désirez couper votre bouteille. Ces bourrelets seront obtenus en collant successivement des bandes superposées, de façon à laisser entre eux une gorge, dans laquelle vous enrou-
lerez une ficelle en ne lui laissant faire qu'un seul
tour. Vous saisirez les deux extrémités de la ficelle,
une dans chaque main, et alors il vous faudra imprimer un vif mouvement de va-et-vient à la ficelle, qui,
par ce fait, chauffera fortement, par friction, la paroi du verre. Quand vous supposerez que le verre est
assez chaud, plongez la bouteille dans de l'eau froide
que vous aurez mise à votre portée, et à l'endroit où
vous avez exercé la friction le verre se coupera net.
Suivant que le verre est plus ou moins épais, il faut
dégager plus ou moins de chaleur. Ce procédé est
infaillible.

Il y a encore un moyen d'obtenir le résultat cherché. C'est, une fois la chaleur obtenue, de faire glisser quelques gouttes d'eau le long de la ficelle. Il
faut dans ce cas s'arranger pour que la ficelle soit
bien humectée. La cassure est aussi nette que par le
premier procédé.

## LE PONT AUX ANES

Tous les écoliers savent quel est le fameux théorème de géométrie que l'on appelle le pont aux
ânes et qui s'énonce ainsi :

*Le carré construit sur l'hypothénuse d'un triangle*

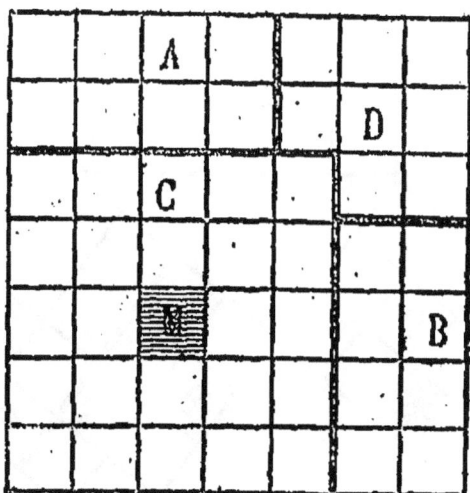

Fig. 73. — Le pont aux ânes.

*rectangle équivaut à la somme des carrés construits
sur les deux autres côtés.*

S'il ne s'agissait que de l'énoncer ce terrible théorème, cela ne serait rien, mais c'est qu'il faut le démontrer par A + B et au moyen des triangles, des
angles semblables, équivalents, etc. Eh bien, voici

une façon tout à fait simple de constater cette vérité,
façon qui, pour n'être pas pédagogique, n'en est pas
moins réelle.

Tracez un carré sur un morceau de carte ou de papier fort et divisez-le en 49 parties égales. Cela fait,

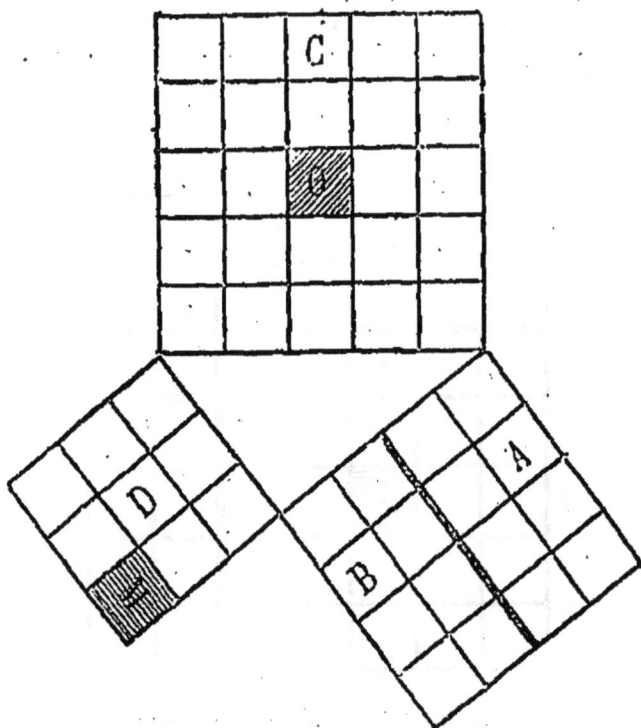

Fig. **74.**

découpez-le suivant le tracé indiqué par le trait fort,
ôtez du centre une division que vous ajouterez au
petit carré et ensuite construisez la figure n° 74. Le
triangle rectangle ACD sera formé par les côtés des
trois carrés et la somme des deux petits carrés cons-

truit sur les deux côtés du triangle équivaudra au grand carré construit sur l'hypothénuse A·D.

Effectivement :

le carré n° 1 a     9 cases.
le carré n° 2 a     16 —

Ensemble. . .    25 cases.

et le carré n° 3 a 25 cases.

Donc le théorème se trouve justifiée. C. q. f. d.

## AUTRE FAÇON DE DÉMONTRER LE THÉORÈME CI-DESSUS

Dans un carré ABDC tracez quatre triangles semblables et égaux; découpez-les et disposez-les ensuite comme l'indique la figure 75. Il se trouvera au milieu un espace vide 1 formant un grand carré, qui justement aura un de ses côtés sur l'hypothénuse du triangle rectangle A E B. Tracez les contours de ce carré et remontez les triangles l'un contre l'autre H C E contre A E B et C D G contre B F G, vous obtiendrez alors la figure 75. Les parties couvertes et découvertes successivement des deux carrés n'ont pas changé d'étendue. Mais cette fois la partie non recouverte est formée de deux carrés 2 et 3 qui cor-.

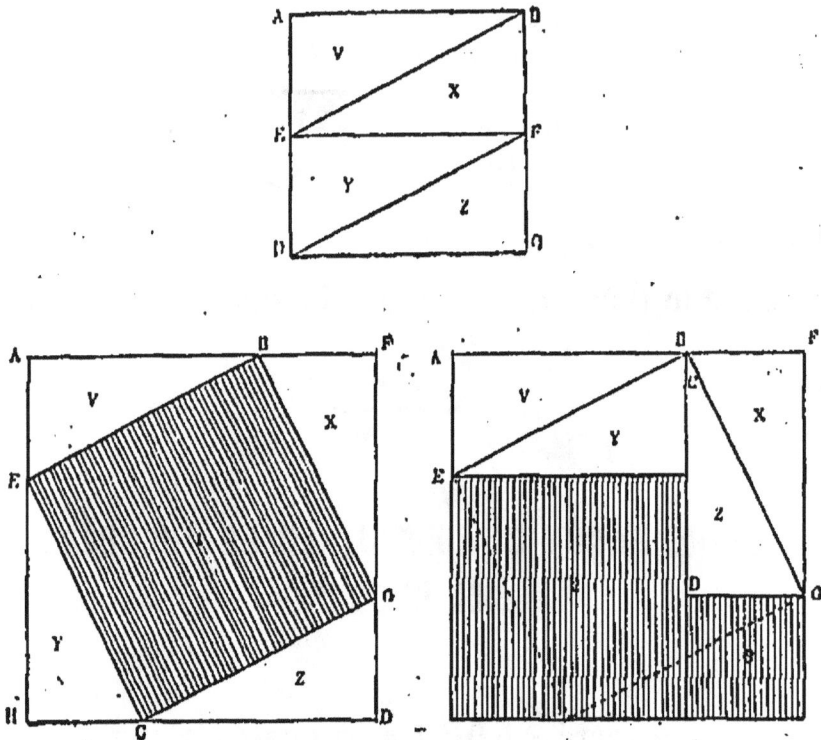

Fig. 75.

respondent à ceux construits sur les deux autres côtés du triangle A E B.

Cette démonstration très simple a l'avantage qu'elle peut s'appliquer à un triangle rectangle quelconque.

## LES ANGLES RENTRANTS

Étant données deux feuilles de papier d'une même dimension et de la forme d'un rectangle, les plier toutes deux en quatre parties bien égales, l'une dans le sens de la longueur, l'autre dans le sens de la largeur ainsi qu'il est indiqué dans les figures 76 et 77.

Les feuilles ainsi pliées, enlevez de chacune d'elles une partie, c'est-à-dire 1/4, partie A des figures.

Ces parties étant détachées, il s'agira de recouvrir très exactement l'une des surfaces restantes au moyen de l'autre, en coupant cette dernière en deux parties identiquement égales.

Pour résoudre cette question, il suffit, les parties A de chaque feuille étant détachées, de prendre l'une des surfaces que l'on voudra faire servir pour recouvrir l'autre, la plier de nouveau en quatre parties égales, mais cette fois dans le sens opposé à celui dans lequel elle aura été pliée précédemment, ainsi qu'il est indiqué à la figure 78, la découper ensuite en suivant le pointillé F L formé par les plis marqués; ceci fait, on obtiendra deux parties absolument égales F L.

Pour recouvrir la surface restante, figure 79, il suffira d'abaisser les angles, c'est-à-dire que l'angle a'

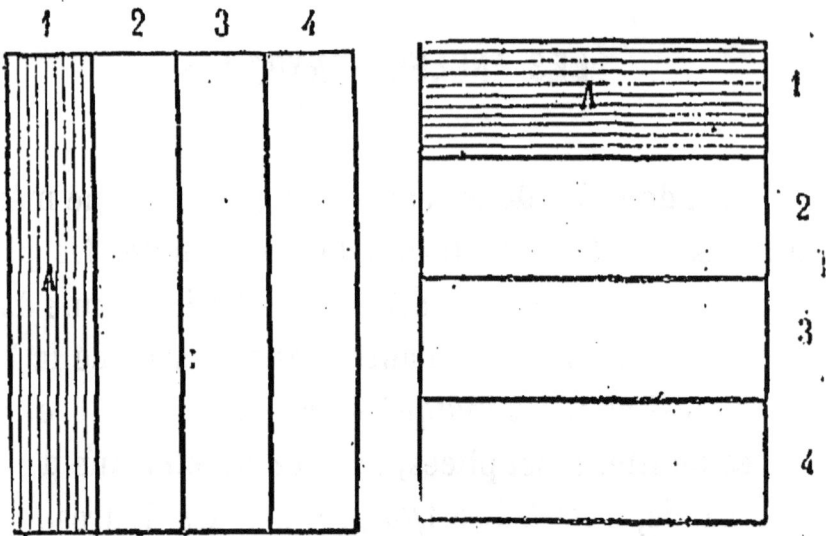

Fig. 76 et 77. — Les deux rectangles tracés, montrant les
parties à enlever.

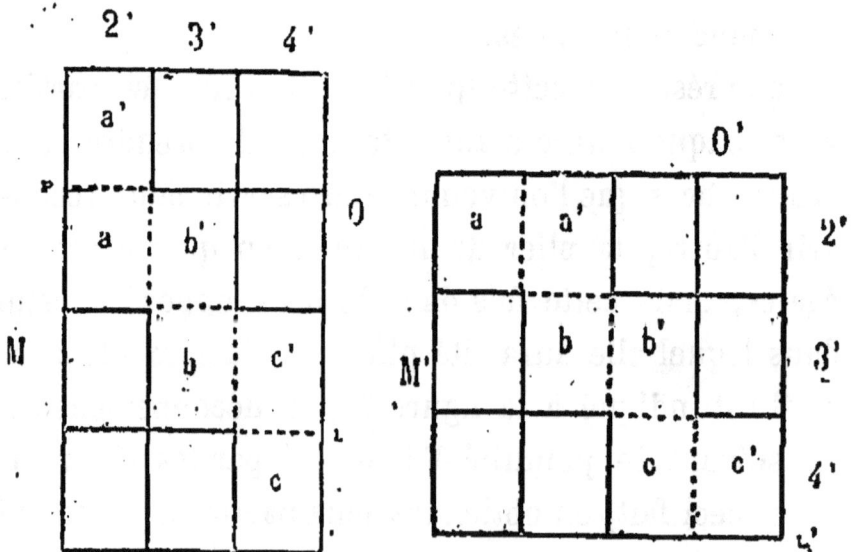

Fig. 78 et 79. — Dispositif montrant la manière de couper
les angles.

devra se trouver en face de l'angle a, l'angle b' en face de l'angle b et l'angle c' en face de l'angle c. Ces angles ainsi abaissés, les deux surfaces seront absolument semblables et pourront être recouvertes l'une par l'autre.

Cette expérience peut se faire indistinctement au moyen de l'une ou de l'autre feuille, en abaissant ou en remontant les angles.

Dans l'exemple pris, c'est la figure 78 qui est destinée à recouvrir l'autre.

L'opération terminée comme on l'indique ci-dessus, la partie M de la figure 78 se trouvera en M' de la figure 79 et la partie O en O' de la figure recouverte.

## GÉOMÉTRIE ET BANDE DE JOURNAL

Prenez la bande de votre journal; vous pouvez constater qu'elle a deux lignes et deux surfaces (surface intérieure et surface extérieure). Il faut vous arranger maintenant qu'elle ne présente plus qu'une seule ligne et qu'une seule surface. Cela peut sembler invraisemblable et pourtant c'est possible, comme vous allez le voir. Coupez la bande et recollez les deux bouts ainsi séparés, après en avoir retourné un comme l'indique la figure ci-contre. Ainsi disposé,

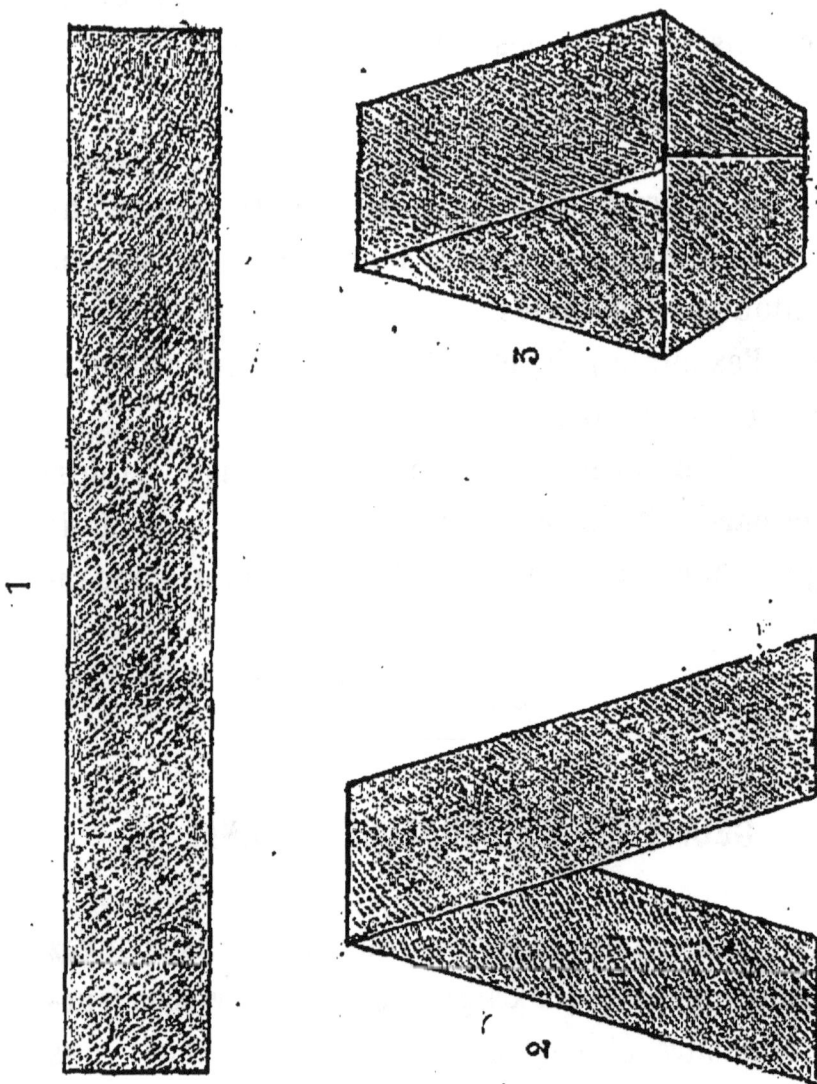

Fig. 80. — La bande de journal.

e papier n'a plus qu'une ligne et qu'une surface, car il fait l'effet d'une vis sans fin.

# LE TRACEMENT DES HACHURES PARALLÈLES

Dans les dessins linéaires et architecturaux on a souvent besoin de tracer des hachures parallèles; nous donnons aujourd'hui un moyen bien simple de les tracer avec la plus grande régularité.

Prenez une règle plate AB et une équerre CDE. Dans la règle, vous ferez une entaille $higf$, d'une largeur $hi$ et $gf$ quelconque et d'une longueur $if$ un peu supérieure au côté CD de l'équerre; la partie $if$ sera augmentée suivant l'écartement que vous voudrez donner aux hachures. Vos instruments ainsi préparés, voici comment on procède :

Vous placez votre équerre dans l'échancrure faite dans la règle plate, de manière qu'elle occupe la position $m'h'$E; vous trouvez le long de l'équerre, sur le côté $h'$E, votre première ligne, $i'$E prise, sans bouger la règle; vous faites glisser votre équerre de manière que le point D vienne en $g'$, vous tracez votre deuxième ligne $h''$E'. Cette fois vous ne bougez pas l'équerre c'est la règle que vous faites d'abord glisser, puis vous redescendez l'équerre et vous tracez votre troisième ligne et vous continuez ainsi en faisant mouvoir alternativement l'équerre et la règle. Vous ob-

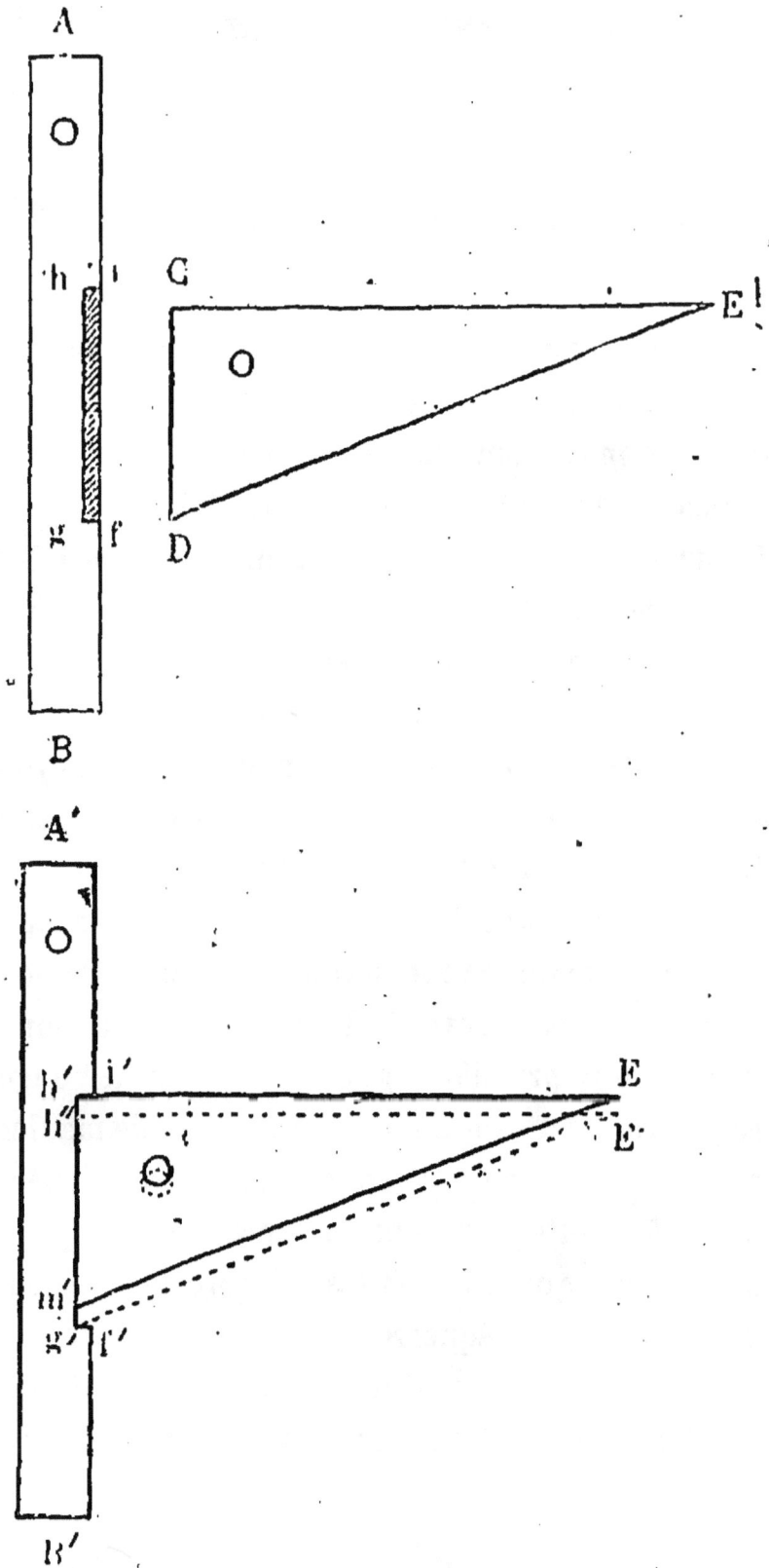

Fig. 81. — Le tracement des hachures parallèles.

tiendrez des hachures parfaites et sans aucun danger
de les voir mal tracées.

~~~~~~~~

## MANIÈRE DE TRACER UNE SPIRALE

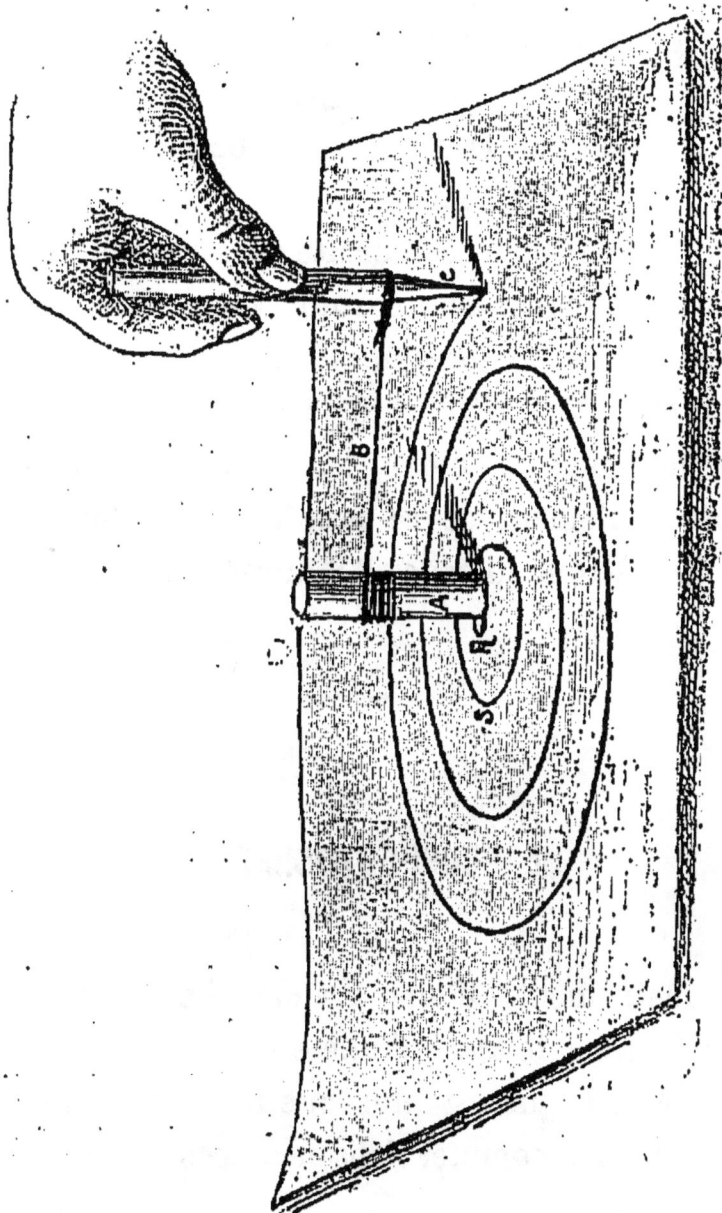

Fig. 82. — Tracé de la spirale.

En géométrie, le procédé pour tracer, à l'aide du compas, une spirale, est assez long. Voici un moyen très pratique et très facile à exécuter.

Prenez un cylindre en bois A ou un carton d'un diamètre égal au quart de la distance des spires que vous voulez tracer. Sur ce cylindre, enroulez un fil B dont une extrémité y sera fixée, et à l'autre bout attachez un crayon C ou une pointe, suivant ce que vous aurez à faire.

Il suffira de tourner à droite ou à gauche, suivant le sens dans lequel sera enroulé votre fil, en tenant le crayon et en maintenant le fil rigide pour tracer une spirale d'une régularité parfaite.

Par la figure ci-contre, les lecteurs se rendront compte facilement de ce procédé. Le cylindre A a pour diamètre la distance R S divisée par 4.

## LE PERSPECTOGRAPHE

Cet instrument, d'une grande simplicité, dû à M. Jarlot, rend le tracé d'une esquisse extrêmement facile même à qui est plus que médiocre dans l'art du dessin, sans compter l'absence absolue des fautes

de perspective, ce qui est sans contredit le principal
avantage de cet appareil. On obtient, grâce à lui, la

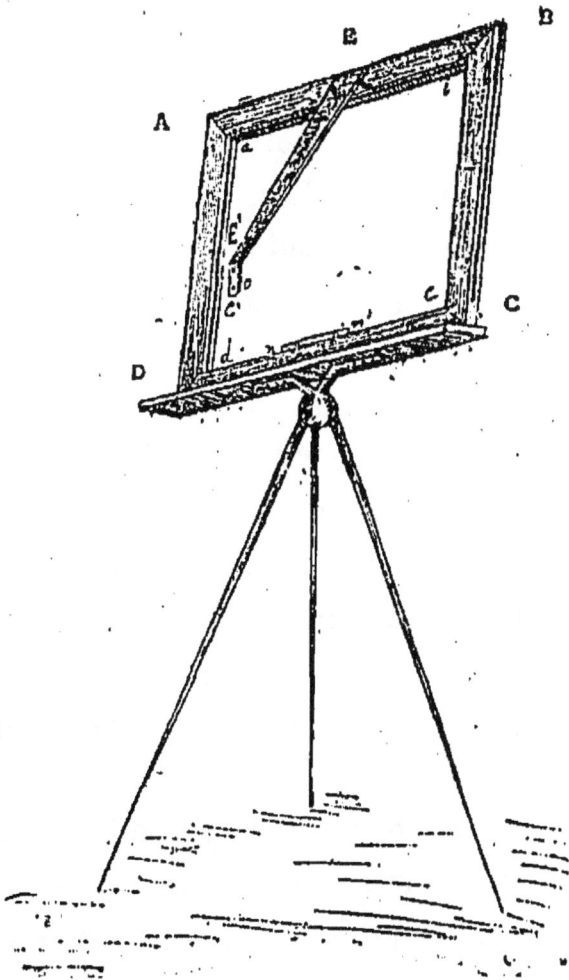

Fig. 83. — Vue d'ensemble du perspectographe.

reproduction facile et exacte sur un seul plan des
objets placés sur des plans différents.

Voici la description de cet instrument bien simple :

Un cadre de bois A B C D, dont le côté A B laisse une rainure dans toute sa hauteur et faite dans le sens de la longueur A B permettant de passer une plaque de verre remplissant l'espace du châssis a b c d, est fixé sur un support quelconque, le cadre est maintenu dans un état d'horizontalité parfaite au moyen d'un niveau d'eau n n' placé sur le bas du cadre. Au point E on trouve une réglette mobile autour d'une charnière placée en E et dont on peut faire varier l'angle avec le plan de A B C D en l'appuyant sur deux supports e e' eux-mêmes mobiles autour d'un axe fixé sur la réglette. A l'extrémité E' de cette réglette est fixée une lame de cuivre recourbée suivant E' C' et qui est percée d'un trou de 1 millimètre environ de rayon et dont les bords sont amincis comme le représente la coupe diamétrale que l'on voit en haut de la figure 83 *bis*; la partie évasée est tournée du côté du cadre.

Voilà pour le corps de l'appareil; voyons maintenant les accessoires. Dans la rainure ménagée dans le cadre A B C D on descend une plaque de verre qui remplisse a b c d, ce qui n'est pas une condition nécessaire, c'est selon la grandeur du dessin que l'on désire avoir; cette plaque doit subir une petite préparation. Voici comment on s'y prend : on choisit une plaque de verre de grandeur voulue, autant que possible sans défaut, on l'enduit d'un seul côté seu-

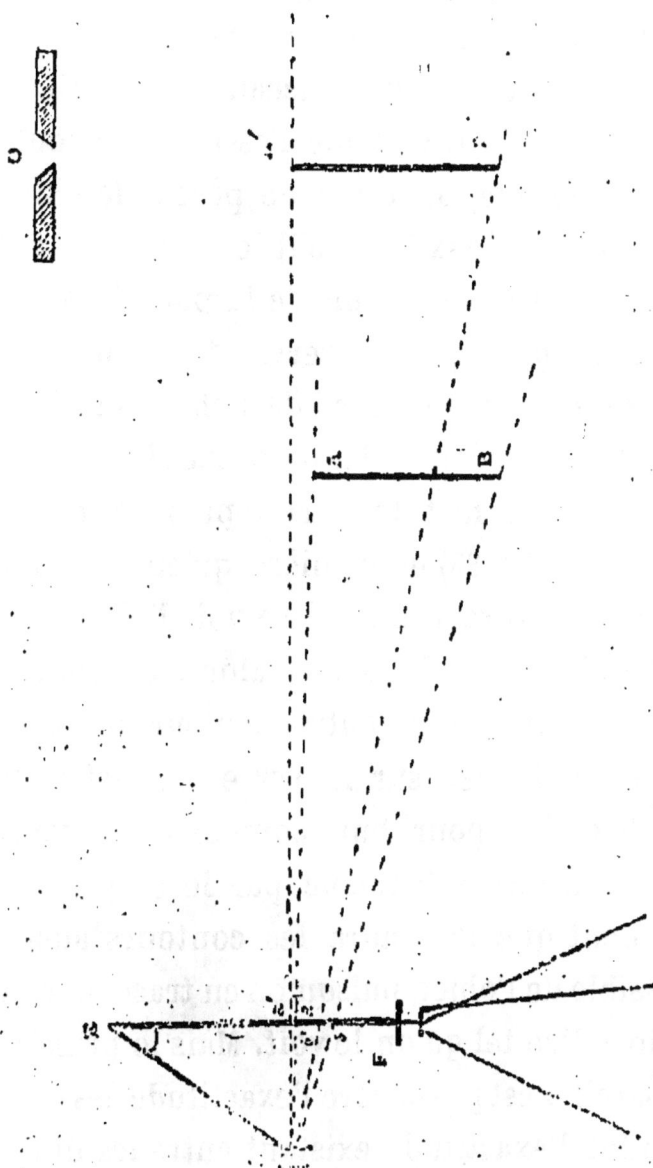

Fig. 83 *bis*. — Schéma explicatif.

lement avec de l'essence de térébenthine qui, comme

9

on le sait, est un vernis naturel. On s'y prend de
manière à avoir sur le verre une couche aussi mince
que possible de vernis; on y arrive facilement en
lavant la surface avec un pinceau très souple imbibé
d'essence. Quand on voit que l'essence ne coule plus
et reste adhérente, on cesse de passer le pinceau et
on laisse sécher deux jours s'il le faut, en ayant soin
de préserver la partie vernie de la poussière.

Il ne reste plus qu'à se servir de l'appareil; pour
cela on se met en présence de l'objet que l'on veut
représenter : on établit l'horizontabilité parfaite du
cadre et l'on y met le verre, puis on dispose la
réglette E E' (fig. 83) de manière qu'en regardant par
la petite ouverture o on puisse voir l'objet en question tel qu'on veut l'obtenir; alors, avec un crayon
pastel bleu ou d'une autre couleur on trace les
contours de l'objet sur le verre qui est enduit de
vernis, lequel a pour but, comme on le voit, d'en
rendre la surface attaquable par le crayon. On voit
évidemment que l'on aura les contours aussi réels
que possible de l'objet, puisqu'on en trace les contours
pour ainsi dire tel qu'on le voit. Mais le principal but
de l'appareil n'est pas encore l'exactitude des contours,
c'est plutôt l'exactitude existant entre les différentes
grandeurs des objets placés sur des plans différents.
On peut faire voir ce dernier résultat à l'aide d'une
figure.

En effet, soit A B, un objet situé à une certaine distance de l'œil placé en o, les rayons visuels O A O B coupent l'appareil en a et b et l'image de cet objet est donnée par la ligne a b.

Supposons maintenant un objet A' B' situé au delà de A B, l'œil n'a pas changé de place et sa position ne peut varier par rapport au verre à cause de la réglette qui est fixe, l'image de l'objet A' B' sera en a' b'; on a ainsi la vraie dimension de A' B' par rapport à A B; c'est précisément ce rapport qui doit exister entre les grandeurs d'objets situés sur des plans différents qui constitue la perspective. L'appareil mérite donc bien son nom de perspectographe.

On voit donc que cet appareil annule deux difficultés : 1º celle de l'exactitude de l'esquisse, puisqu'on copie la nature elle-même telle qu'elle se présente à la vue ; 2º celle de la perspective. On a ainsi une esquisse sur verre. Pour l'avoir sur papier, rien n'est plus facile. On relève la réglette E E' de manière qu'elle ne gêne pas, on place une feuille de papier huilé ou papier à décalquer sur la surface du verre et l'on calque son esquisse. Ensuite on peut coller cette feuille sur un carton, et si l'opérateur est dessinateur, avec une estampe et du crayon propre à ce genre de dessin, il obtiendra un dessin d'une grande finesse rappelant la gravure sur cuivre. Pour les ombres, c'est à l'opérateur de se servir de son talent, le but de l'appareil n'étant pas de donner un dessin fini, mais une esquisse rigoureusement exacte et une perspective irréprochable.

Cet instrument est parfois très commode; quand on veut avoir une esquisse juste, on la prend, puis revenu chez soi, on calque le dessin que l'on peut reproduire une troisième fois sur un papier à dessin si l'on ne veut pas se servir du papier huilé. D'ailleurs, lorsque l'on a une esquisse juste sur n'importe quel papier, il est facile de recopier à main levée cette esquisse si l'on a la pratique du dessin.

Si l'on veut se servir de nouveau de la plaque vernie, on la lave avec de l'eau chaude et on laisse bien sécher; on peut ensuite recommencer le vernissage.

## LA HAUTEUR D'UN ÉDIFICE OU D'UNE MONTAGNE

On peut, sans instruments, prendre là hauteur d'un édifice ou d'une montagne à la seule condition de pouvoir approcher de la base. Un mètre et deux baguettes suffisent. Soit la hauteur de la tour E F à prendre.

A quelque distance nous plantons une canne de

1 mètre de hauteur A B; à 1 mètre de distance nous
posons une autre baguette d'une plus grande hauteur C D. Nous mesurons exactement la distance B F,
et appliquant l'œil en A, nous viserons le sommet de
la tour E; nous marquerons sur la baguette C D l'en-

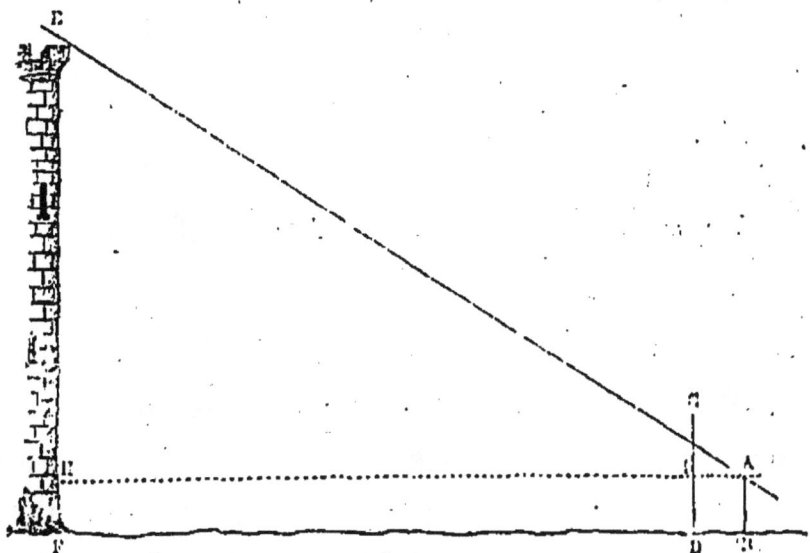

Fig. 84. — Trouver la hauteur d'un édifice.

droit où notre rayon visuel coupera cette baguette,
soit G ce point. En mesurant alors la distance D G et
en autant 1 mètre, nous aurons G I. Nous pourrons
alors finir notre problème facilement; en effet, nous
aurons la relation suivante :

$$AH : AL :: EH : GI$$

Dans l'exemple proposé, supposons que A H = 150 mètres, A I égale naturellement 1 mètre ; C I = 80 centimètres; nous aurons donc 150 mètres : 1 mètre :: $x$ : 0$^m$,80.
Effectuons les opérations et nous trouvons 120 mètres ;
mais comme nous avons pris notre base A H à 1 mètre
du sol, il faut ajouter 1 mètre à 120 mètres, soit
121 mètres, ce qui est la hauteur cherchée.

## LA DISTANCE D'UN POINT INACCESSIBLE

Tout le monde sait ce qu'on appelle un angle :
c'est l'espace compris entre deux lignes qui se ren-
contrent. Ces deux lignes, par leur écartement, forment une ouverture plus ou moins grande. Cette
ouverture se mesure à l'aide d'un instrument bien
connu de tous : un rapporteur qui, en cuivre ou en
corne, complète les boîtes de compas. Le rapporteur
présente la moitié d'une circonférence et est divisé
en 180 parties appelées degrés et s'écrivant 180° ;
chaque degré se divise en 60 minutes que l'on note
ainsi : 60', et enfin les minutes se subdivisent également en 60 parties appelées secondes, que l'on indique
comme ceci : 60". Il y a donc dans la circonférence
entière 360°, 2160' et 12960". Un degré équivaut donc

à la 360ᵉ partie d'une circonférence, et nous avons là une mesure indépendante de toutes dimensions. Ainsi, sur une table de 36 mètres de tour, 1 degré sera marqué par 1 décimètre; sur un bassin de 360 mètres de circonférence, 1 degré vaudra 1 mètre.

Le degré vaut donc plus ou moins, mais c'est toujours un degré. Qu'on ait un angle à mesurer sur une feuille de papier ou dans le ciel, les divisions ne changent pas. Il faut bien se mettre cela dans la tête, c'est de la plus grande importance pour les explications qui vont suivre. C'est donc entendu, la mesure des angles n'a aucun rapport avec une mesure de longueur.

Nous avons vu le moyen de mesurer les angles. Examinons maintenant ce que c'est qu'un triangle, sans nous appesantir outre mesure sur cette figure de géométrie que tout le monde connaît. La propriété de ce polygone a trois côtés qu'il nous faut connaître, c'est que la somme des trois angles est toujours égale à 180 degrés, c'est-à-dire que le rapporteur mis successivement à chaque angle donne trois nombres qui, additionnés, forment 180 degrés. Retenez bien cette propriété, qui va nous servir.

Maintenant, à quelle distance correspond un degré ? Autrement dit, prenons un mètre et transportons-le à une certaine distance, de manière qu'en fixant à l'aide d'un graphomètre, instrument servant à me-

surer les angles, les deux extrémités de ce mètre,
nous n'ayions qu'un degré de mesure; nous dirons
alors que ce mètre sous-tend un angle de 1 degré.

Mesurons la distance qui sépare notre mètre de
l'appareil, et nous trouverons 57 mètres. Ainsi un
degré correspond donc à un objet éloigné de 57 fois
sa hauteur. Un homme de taille moyenne, 1$^m$,70,
éloigné à 57 fois cette hauteur, soit 97 mètres, me-
surera 1 degré. Une minute sera représentée par un
morceau de carton de 1 centimètre vu à 34 mètres;
enfin une seconde nous sera donnée par une carte de
1 centimètre de côté vue à 2.062 mètres. Un cheveu,
qui généralement a un dixième de millimètre d'épaisseur, vu à 20 mètres, représente également une seconde. Vous jugez qu'une dimension si petite est
invisible à l'œil nu.

Voici un tableau des rapports qui relient les angles
aux distances :

| | | | |
|---|---|---|---|
| Un angle de 1 degré correspond à une distance de. | | | 57 |
| — $\frac{1}{2}$ — | ou 30 minutes | — | 114 |
| — $\frac{1}{4}$ — | ou 15 — | — | 399 |
| — $\frac{1}{10}$ — | ou 6 — | — | 570 |
| — 1 minute | | — | 3.438 |
| — $\frac{1}{2}$ — | ou 30 secondes | — | 6.875 |
| — 20 secondes | | — | 10.313 |
| — 10 — | | — | 20.626 |
| — 1 — | | — | 206 265 |

Nous allons supposer que nous avons à mesurer la distance d'une église qui se trouve sur une hauteur et dont nous sommes séparés par un cours d'eau (fig. 85). Nous allons choisir sur le bord de la rivière deux points d'où nous puissions voir le clocher C ; soit A et B ; en B nous plantons un jalon, et muni d'un appareil à mesurer les angles, nous nous portons en A et nous cherchons l'angle formé par BAC ; nous trouvons, par exemple, 84 degrés. Nous répétons l'opération en B et nous avons, comme mesure de l'angle CBA, 95 degrés. Nous mesurons la distance qui sépare A et B et nous trouvons 10 mètres. Voici donc notre problème posé.

Nous avons à résoudre un triangle dont nous connaissons la base, 10 mètres, et les deux angles. Or, nous avons dit plus haut que la somme des trois angles était toujours égale à 180 degrés, ayant d'une part 84 degrés et de l'autre 95 degrés, cela nous donne 84 degrés + 95 degrés = 179 degrés. De ce nombre, pour aller à 180 degrés, il reste 1 degré ; l'angle ACB égale donc 1 degré.

Nous voyons par la table ci-dessus qu'un angle de 1 degré correspond à une distance de 57 mètres ; multiplions la base de notre triangle par 57 mètres et nous aurons pour la distance de l'église du point où nous sommes $10 \times 57 = 570$ mètres. Rien n'est plus simple.

Fig. 85. — La distance d'un point inaccessible.

Plus l'angle mesuré sera petit, plus l'objet sera éloigné. Comme on le voit sur notre figure 86, les grandeurs *mo m' o'*, *m'' o''* ne varient pas, mais suivant qu'elles sont éloignées du point C, elles ne forment plus que les angles *a b*, *a' b'*, *a'' b''* de plus en plus petits.

On n'a pas toujours un graphomètre à sa disposition. On peut aisément s'en passer lorsque l'on ne veut avoir qu'une distance approximative. On trace sur une feuille de carton assez grande une demi-

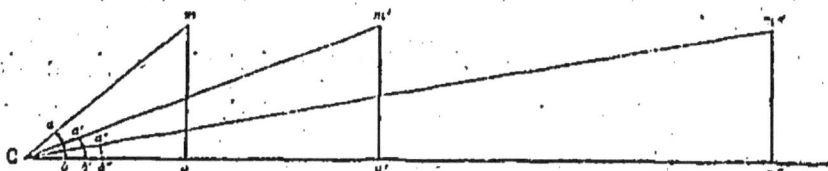

Fig. 86. — Schéma des distances par rapport aux angles.

circonférence que l'on divise en 180 parties égales d'abord, puis ensuite on divise chacune de ces parties en 2, 3, 4 divisions, etc., suivant la grandeur donnée à la demi-circonférence, qui constitue un grand rapporteur.

Pour mesurer un angle, on place le carton horizontalement en le maintenant, par le centre de la demi-circonférence, à l'aide d'une vis fixée sur une canne ou un bâton. On procède alors comme il a été dit ci-dessus. On vise à l'aide d'une épingle piquée

au centre, et on marque l'endroit où passe le rayon
visuel, on se transporte en A et en B et l'on obtient
approximativement le résultat cherché.

~~~~~~~~~

## TRACÉ PRATIQUE D'UNE MÉRIDIENNE

On appelle méridienne d'un lieu, la ligne imagi-
naire passant par ce lieu et le centre du soleil lorsque
cet astre atteint son plus haut point dans l'arc de
cercle qu'il décrit journellement ; à ce moment là, il
est midi vrai pour le lieu considéré.

Comme la position de la terre change quotidienne-
ment le soleil n'arrive pas exactement tous les jours
au méridien à midi ; tantôt il est en avance, tantôt il
est en retard.

Divers appareils ont été construits dans le but
d'indiquer d'une manière pratique la méridienne
d'un lieu. Nous devons la construction suivante à
M. E. Brunner, du Bureau des Longitudes.

Sur le rebord d'une fenêtre exposée au midi, on
fixe d'une façon définitive un petit godet que l'on
remplit de mercure ; on le couvre avec un couvercle formé d'une plaque mince de métal vernis et

percé à son centre d'une petite ouverture ronde de
6 à 7 millimètres de diamètre. Ce couvercle doit
rentrer à frottement afin d'être facilement abaissé
tout près de la surface du mercure. La fenêtre ou-

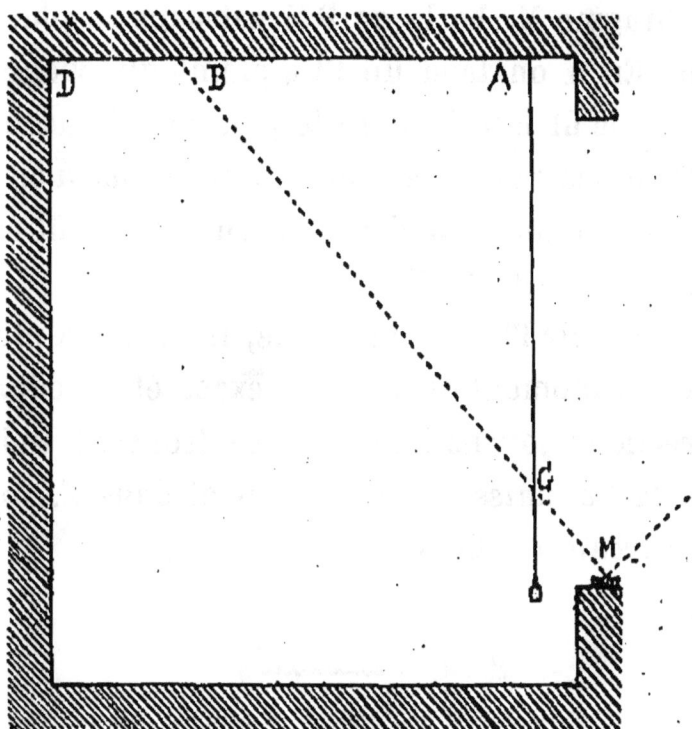

Fig. 87. — Coupe montrant le dispositif pour le tracé
de la méridienne.

verte, le rayon solaire, réfléchi sur le bain de mercure, se projette au plafond de la salle. Quand il est
midi vrai, le centre du miroir et le centre de l'image
réfléchie sont dans le plan méridien. Il ne reste plus
que le tracé à faire.

Au moment du passage on note, en B par exemple, un point correspondant au centre de l'image réfléchie; on enfonce un petit clou, et à l'aide d'un fil on relie ce point B à un autre point en dehors de la fenêtre de façon que le fil passe par le centre du diaphragme M. La ligne B M est dans le plan méridien. En A on tend un fil à plomb qui vienne rencontrer le fil B M. Il ne reste plus qu'à joindre sur le plafond les points A B et continuer jusqu'en D. On trace une ligne bien visible ou on tend un fil noir : la méridienne est établie.

Pour avoir l'heure moyenne, il ne reste plus qu'à noter le moment du passage exact et à déduire les corrections journalières qui se trouvent indiquées dans la *Connaissance du temps* et dans l'*Annuaire du Bureau des Longitudes.*

## UN NIVEAU D'EAU BON MARCHÉ

On achète un tube de poudre de sirop de Calabre d'un modeste sou, puis on le vide... naturellement, et on le remplit d'eau rougie en laissant un certain vide, 5 millimètres environ, entre le niveau de l'eau

et le bouchon servant à fermer le
tube, qu'on recouvre de cire à cacheter.

Puis, dans une règle plate, on
fait une légère entaille; on y coule
de la colle forte à chaud et on y
met le tube de verre; quand la
colle est froide, il est fixé à de-
meure.

Pour obtenir la division de ce
niveau primitif, on met la planchette sur de l'eau tranquille; on
marque soit avec de l'encre, soit
avec du vernis de couleur l'endroit
où s'arrête la bulle d'air à chaque
extrémité du tube, et voilà le
niveau d'eau constitué, avec une
justesse suffisante pour les usages
courants.

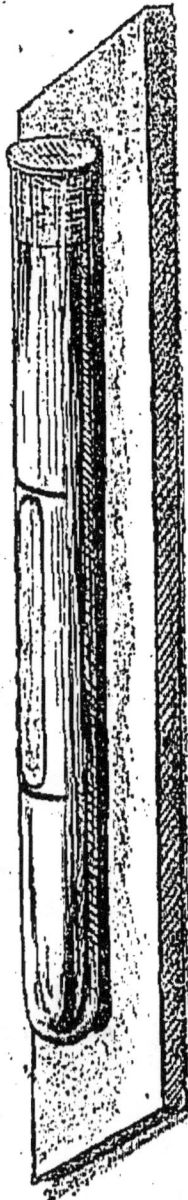

## FONTAINE FILTRANTE

Fig. 88.
Un niveau d'eau
bon marché.

Dans ce siècle qui appartient aux microbes, nos

lecteurs ne seront peut-être pas fâchés d'avoir le
moyen de construire facilement une fontaine filtrante.

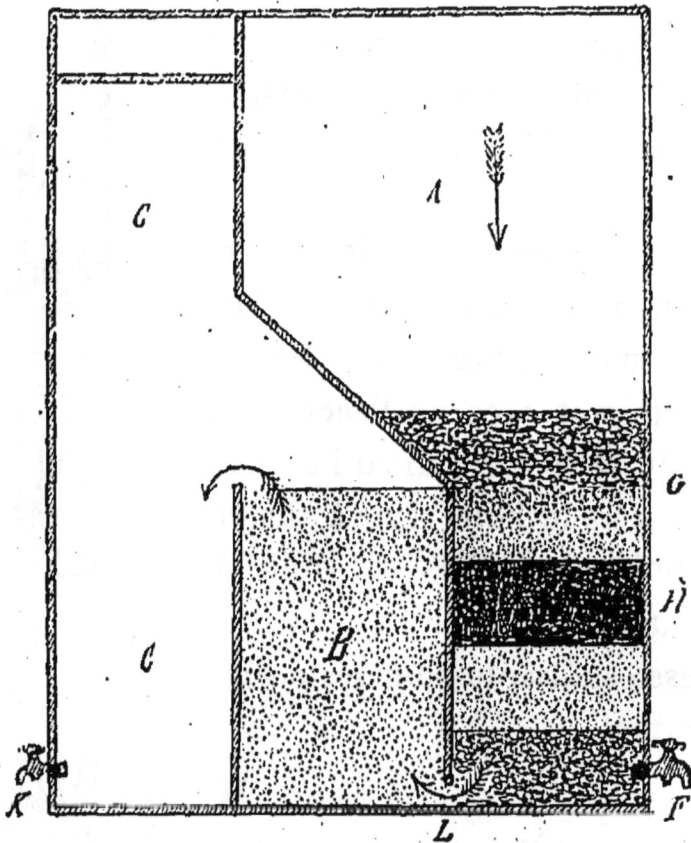

Fig. 89. — Fontaine filtrante.

Procurez-vous une caisse en bois, à parois un peu
fortes, que vous diviserez en trois compartiments,
A. B. C., comme l'indique la figure. Dans le compar-

timent A, vous mettrez d'abord une couche de gros
cailloux en en diminuant la grosseur, vous finirez
par du sable fin; au-dessus, une couche de charbon
de bois II, grossièrement pilé, de quelques centimètres d'épaisseur, puis, mettez par-dessus du sable
fin et finissez par des cailloux un peu gros. Le filtre,
proprement dit, sera constitué. Il faut avoir soin que
le gravier et le sable soient soigneusement lavés et
que le charbon de bois employé soit de bonne qualité,
parfaitement sec et exempt de goût. En F et K, sont
deux robinets, le premier pour dégager le filtre, le
second pour tirer l'eau filtrée.

L'eau à filtrer se met dans le compartiment A, elle
traverse les différentes couches et se rend en B, par
une ouverture L établie sur toute la largeur du fond
et de cinq centimètres de hauteur environ. Le compartiment B ne contient que du sable fin, enfin le
compartiment C est réservé à l'eau filtrée. Il faut
avoir soin que le robinet K ne soit pas juste au fond
du filtre, mais à quelques centimètres, afin que si la
filtration entraîne un peu de sable, il puisse rester au
fond.

## BALANCE DE PRÉCISION

Construire une balance de précision soi-même, à l'aide de matériaux des plus primitifs, peut sembler impossible. Rien n'est plus facile pourtant.

Une règle d'écolier, une boîte en fer-blanc (ayant contenu du cirage, par exemple), trois petits blocs de bois, deux épingles, du fil, quatre clous, un petit morceau de verre et du carton, voilà tous nos matériaux amassés ; et maintenant à l'œuvre !

Évidez la partie centrale de la règle et sur une même ligne transversale enfoncez deux pointes d'aiguilles dépassant légèrement de l'autre côté. A l'une des extrémités de la règle, en C, clouez un petit morceau de votre boîte, et à l'endroit où viendra s'appuyer le crochet soutenant le plateau faites un léger enfoncement à l'aide d'un clou, afin que votre crochet ne se promène pas sur la plaque. A l'autre extrémité, en A, mettez une plaque de plus grande dimension, qui constituera un plateau de votre balance ; au bout, dans le sens du prolongement de la règle, soudez une épingle, la pointe en dehors. Votre second plateau B, destiné à recevoir les objets ou substances à peser, sera constitué par le couvercle de la boîte à cirage. Sur le rebord, à distance presque égale (gare à la

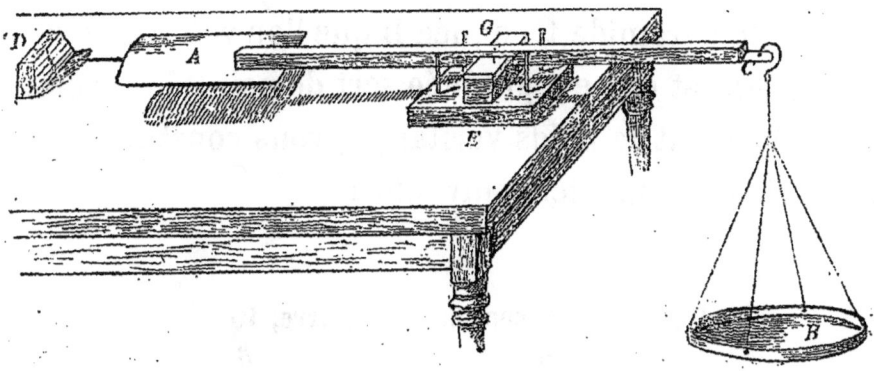

Fig. 90. — La balance de précision.

quadrature !) percez quatre trous où viendront s'attacher les fils de suspension, que vous réunirez en un seul à une extrémité supérieure, lequel sera attaché à une épingle que vous aurez transformé en crochet, (un hameçon ferait tout à fait l'affaire).

Il reste à construire le point d'appui de votre balance. Sur un carré de bois un peu épais E, fixez un autre bloc G sur lequel vous collerez à l'aide de gomme arabique un morceau de verre. Sur le socle vous piquerez quatre clous, à seule fin d'empêcher le fléau de la balance d'aller de droite et de gauche. La petite pyramide tronquée D que l'on voit à gauche du dessin, et qui est graduée sert de point de repère.

A défaut de poids véritables, vous constituerez une série de la manière suivante :

```
1 pièce de 10 centimes en cuivre, 10 grammes.
1   —      5   —               5
1   —      2   —          —    2    —
1   —      1   —          —    1    —
```

Vous couperez ensuite 10 morceaux de carton bien égaux, de manière à faire équilibre au centime; vous aurez donc 10 poids de 1 décigramme. Vous procéderez de même pour les centigrammes et les milligrammes et vous obtiendrez votre série complète de poids.

Pour effectuer les pesées, vous emploierez la méthode due à Borda et dite méthode des doubles pesées.

Vous mettrez dans le plateau A un poids que vous supposez légèrement supérieur à celui de la substance ou de l'objet que vous voulez peser. Puis, le plateau B rempli, vous chercherez à obtenir l'équilibre en rapprochant plus ou moins de la règle le poids du plateau A ; vous remarquerez la division indiquée par la pointe, puis vous ôterez du plateau B ce que vous y aviez mis, et alors vous n'aurez plus qu'à mettre dans ce plateau des poids jusqu'à ce que la pointe du plateau A vienne vous indiquer que l'équilibre pris précédemment est rétabli. Comme on le voit, cette balance n'a pas besoin d'être juste, il suffit qu'elle soit sensible. Celle que nous venons d'indiquer peut peser le milligramme.

## UN PÈSE-LETTRES ÉCONOMIQUE

Prenez un ressort d'acier de montre ou de petite pendule et fixez-le par le milieu sur une baguette. A l'autre extrémité, adaptez un petit crochet en laiton, comme l'indique la figure 91 et au sommet du crochet fixez horizontalement un index qui courra le long d'une bande de carton fixée également sur la baguette. Le pèse-lettre est constitué, avec des centimes, des sous ou des pièces d'argent, vous graduez

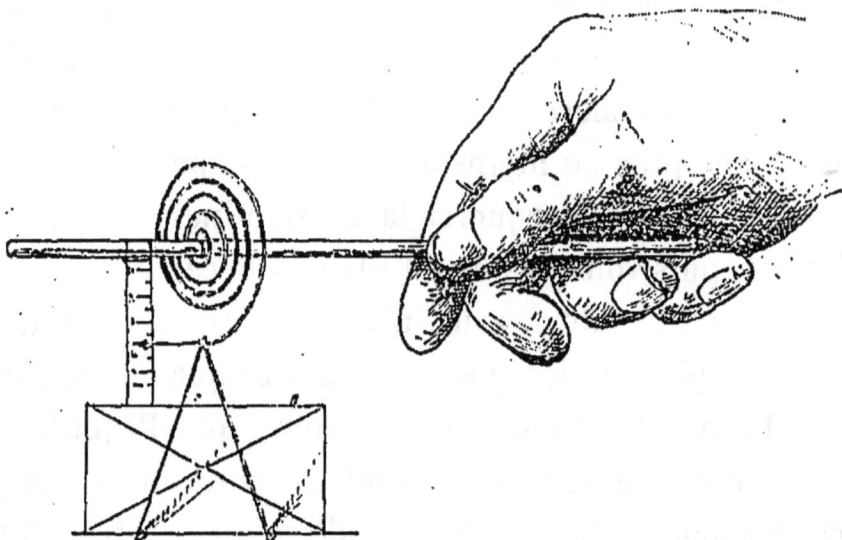

Fig. 91. — Pèse-lettres économique.

. l'échelle et lorsque ce travail préliminaire est fait, vous pouvez peser des lettres et des petits objets avec une justesse suffisante. Le ressort étant en acier reprend constamment sa forme première.

# VISEUR PHOTOGRAPHIQUE

Voici un moyen très simple de faire un viseur pour un appareil photographique de poche.

Découpez dans du carton fort et résistant, un carré

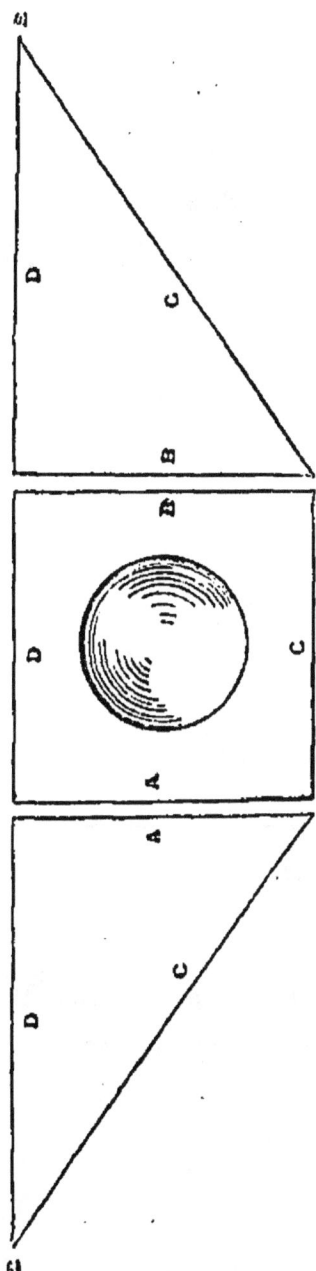

Fig. 92. — Tracé du viseur.

Fig. 93. — Grandeur du miroir.

Fig. 94. — Grandeur du verre dépoli.

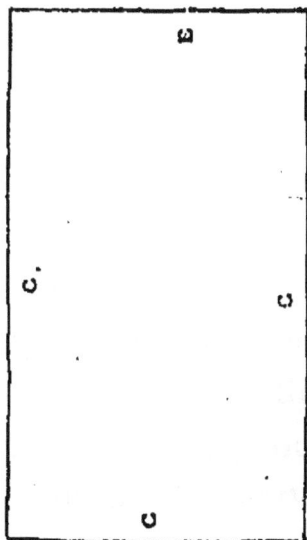

de deux centimètres et demi à trois centimètres de

côté. Dans le milieu, ménagez une ouverture circu-
laire un peu moindre que la grandeur de la lentille, que
vous appliquerez contre cette partie afin que les bords
de cette lentille viennent s'appuyer sur le contour
de l'ouverture. Découpez également deux triangles
de carton de même nature que ci-dessus ayant un
côté égal au carré et une longueur qui doit être cal-

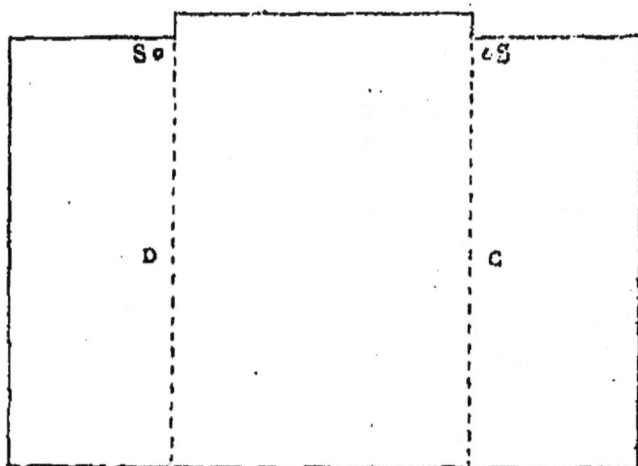

Fig. 93. — Tracé du parasoleil.

culée d'après le foyer de la lentille : soit pour une
lentille simple ayant 87 millimètres de foyer et
28 millimètres de diamètre une longueur de 43 millimètres et 22 millimètres de hauteur (voyez fig. 92).

Les deux triangles étant découpés, on les colle sur
le carré à l'emplacement A et B; leur base C supportera un miroir rectangulaire de mêmes dimensions

que le côté C du carré et le côté des triangles. Sur le
côté **D**, on fixera un verre dépoli, ou à défaut une
feuille de papier mince et transparent, du papier de
soie, par exemple.

Il faudra maintenant construire un parasoleil, des-

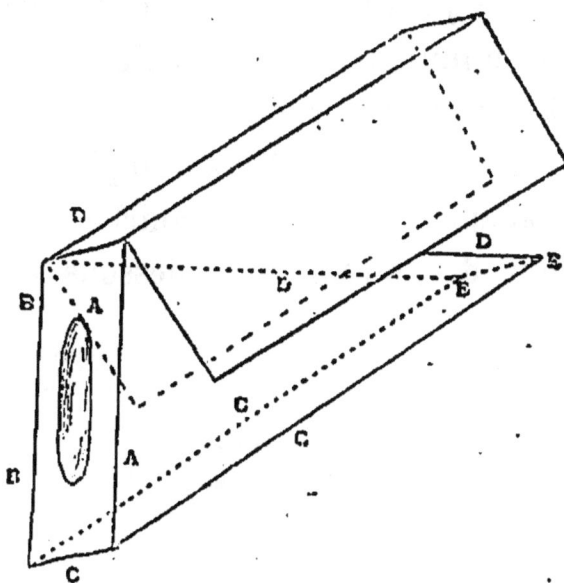

Fig. 96. — Vue d'ensemble.

tiné à masquer les rayons qui viendraient détruire
l'image sur le verre dépoli.

On découpera une feuille de carton absolument
opaque de la façon indiquée figure 95 ; les lignes
pointillées indiquent que ces côtés doivent être ra-

battus. On fixera ce parasoleil sur le viseur, en faisant passer par les trous S S une tige de fer ou une longue aiguille, qui passera également dans l'angle supérieur des triangles formant les côtés (fig. 92). Vous n'aurez plus qu'à fixer votre lentille sur l'ouverture du carré et votre viseur sera fait.

On emploie le parasoleil pour faire l'obscurité la plus complète possible afin que l'opérateur puisse apercevoir au milieu du viseur l'objet ou la personne qu'il veut photographier.

Pour fixer le viseur sur l'appareil photographique, on peut y adapter un fil de fer courbé en forme d'U allongé, qui doit être mis au-dessous de la glace en E.

## UN PORTE-PLAT ÉCONOMIQUE

Pour constituer le porte-plat il nous faudra 6 objets bien faciles à se procurer étant à table : 3 couteaux et 3 verres de même grandeur.

Disposez les trois verres renversés en forme de triangle et sur chacun d'eux faites reposer les manches des couteaux. Vous croiserez les lames de manière que la première posée passe sur la seconde et que la seconde passe sur la troisième, cette dernière passant sur la première, de cette façon les lames se soutiennent mutuellement et vous pourrez poser dessus un plat ou tout autre objet lourd, sans risquer de voir rompre ce support.

Fig. 97. — Le porte-plat économique.

La disposition est indiquée suffisamment sur notre dessin pour entrer dans de plus longues explications.

# LE CLOU AU PLAFOND

Planter un clou dans un plafond sans marteau, sans siège pour y atteindre, peut sembler tout à fait impossible et pourtant rien n'est plus facile avec un peu d'habileté.

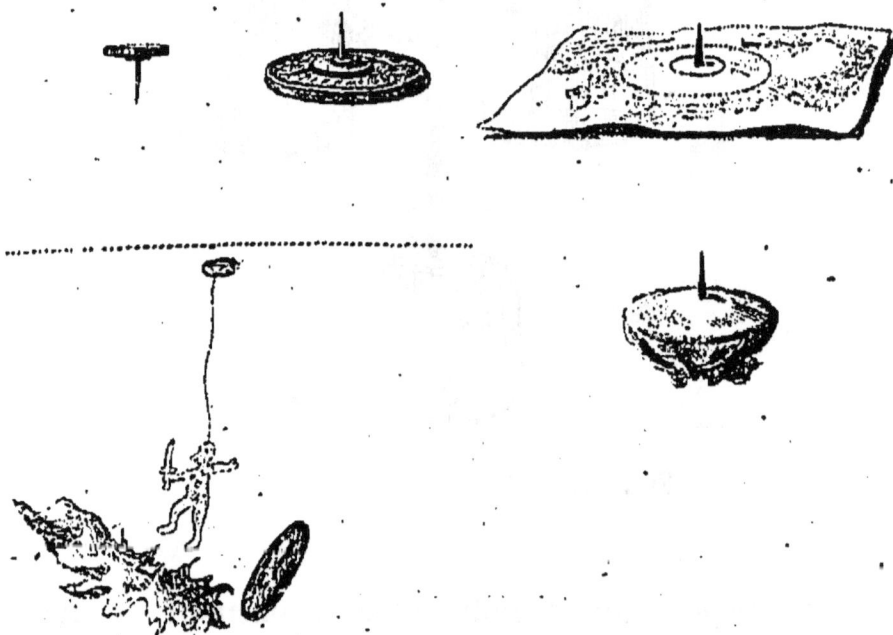

Fig. 98. — Le clou au plafond.

Prenez un clou de tapissier ou ce que les dessinateurs appellent une *punaise* : cette dernière rend l'expérience plus facile. Posez cette punaise la tête en

bas sur un gros sou, puis mettez par-dessus une petite
feuille de papier mince, en ayant soin de laisser percer la pointe. Rabattez, ensuite, en dessous du sou,
les côtés du papier. Cela fait, prenez le sou dans la
main et lancez-le violemment au plafond, en ayant
soin que, dans le trajet, ce projectile d'un genre nouveau se maintienne à plat. On y arrive très rapidement. Le clou s'enfonce dans le plafond, la violence
du choc fait déchirer le papier, qui, entraîné par le
sou, vient retomber à vos pieds.

Supposant que vous ayez un objet léger à suspendre, en ayant mis auparavant un fil attaché à ce
clou, vous pouvez ainsi réaliser votre désir de cette
manière fort simple.

Si le paquet est bien lancé, le clou s'enfonce en
entier et se maintient très solidement.

## COUPER UNE CORDE AVEC SES MAINS

Par le moyen suivant vous pouvez, avec un peu
d'habitude et une grande vivacité dans les mouvements, arriver à briser une cordelette d'une grosseur
respectable.

Vous enroulez la cordelette dans la main gauche;

de manière à lui faire faire une boucle, comme l'indique la figure, l'extrémité étant passée trois ou quatre fois autour des doigts, pour assurer la solidité

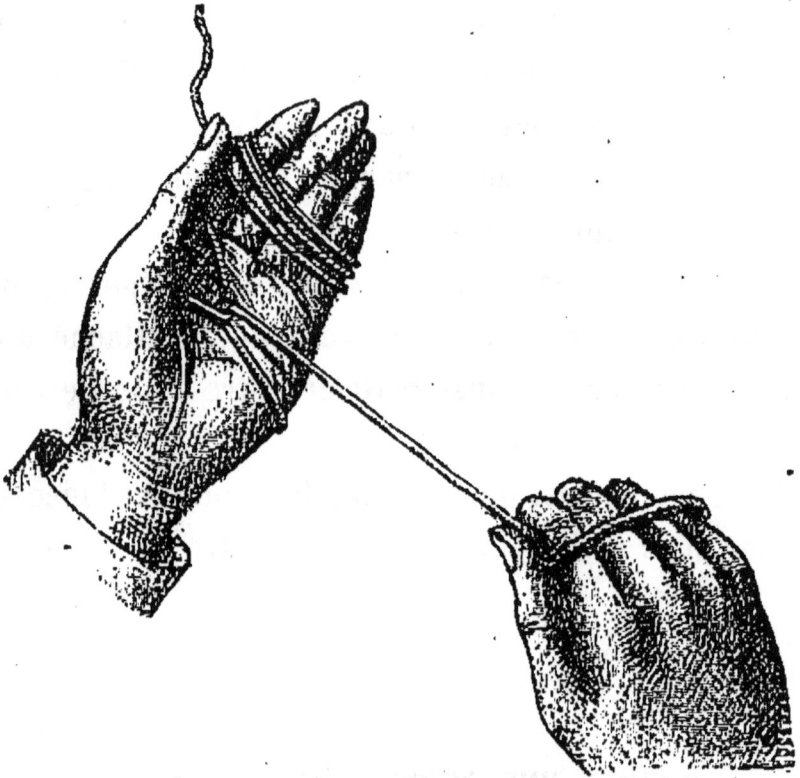

Fig. 99. — Couper une corde avec ses mains.

de la boucle; cela fait, vous saisissez de la main droite l'extrémité de la corde ou de la ficelle que vous voulez casser et lui faites faire trois ou quatre tours sur votre main, puis vous tirez d'un coup très sec : la cordelette se brisera net au point de jonction de la boucle, dans la main gauche.

Lorsque l'on connaît bien ce procédé, on arrive à couper de la ficelle avec deux doigts seulement, en procédant théoriquement toujours comme ci-dessus.

~~~~~~~~

## LE MIROIR A DESSIN

Sur l'une des faces d'une bande de verre donnez une couche de noir de fumée délayée dans de l'huile grasse. Si vous posez verticalement votre verre ainsi préparé sur une gravure représentant des fleurs, des fruits, des oiseaux, etc., vous obtiendrez une infinité de formes parmi lesquelles certaines vous séduiront absolument. Si vous voulez en reproduire quelques-unes et en fixer le contour, il vous suffira d'interposer un papier transparent, végétal ou autre, de tirer le long de la plaque de verre une raie au crayon et de décalquer la partie du dessin qui finit au pied de la plaque. En pliant ensuite le papier transparent suivant cette ligne droite, vous n'aurez plus, pour avoir un ensemble, qu'à décalquer les dessins que vous venez de tracer.

Le verre, faisant office de miroir, double les formes

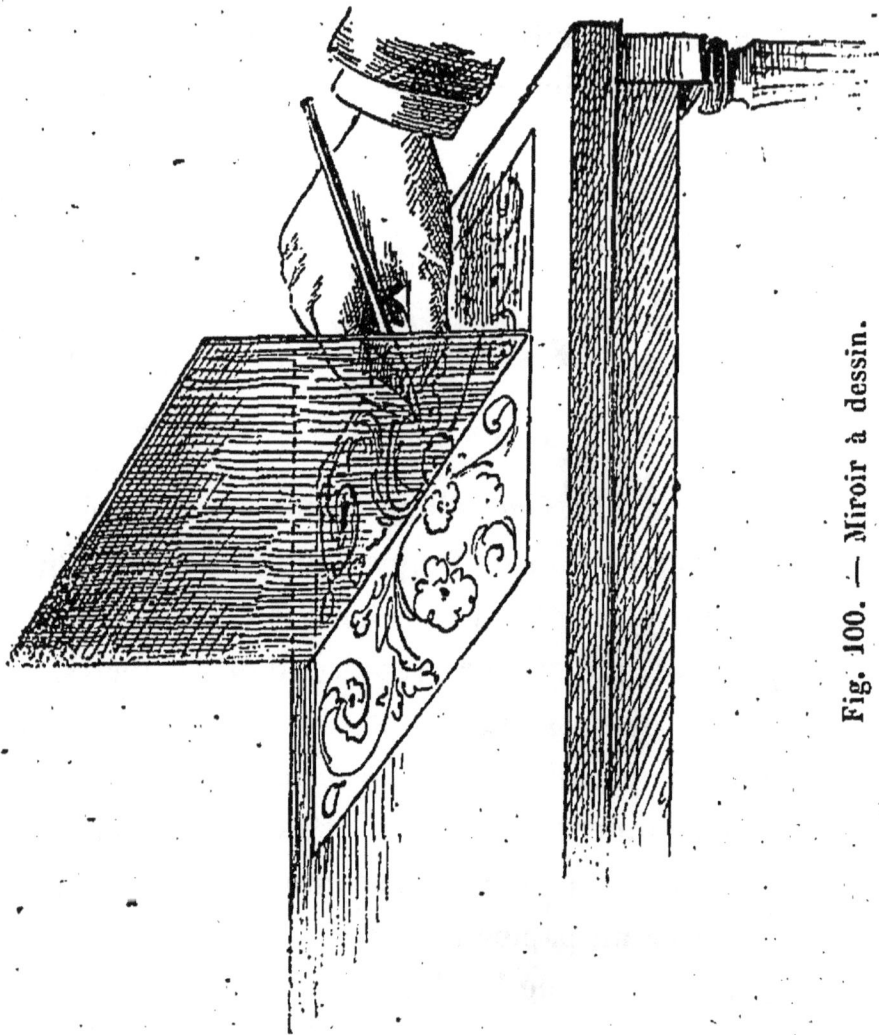

Fig. 100. — Miroir à dessin.

en sens symétrique; à mesure qu'on le fait mouvoir,
il naît des formes nouvelles.

# UN MULTIPLIGRAPHE SIMPLE ET ÉCONOMIQUE

Imbibez d'encre d'aniline à tampon, deux feuilles de papier buvard et mettez-les l'une sur l'autre.

Ecrivez sur une carte en caractère bien déliés, ce que vous désirez reproduire et ensuite piquez les mots tracés à l'aide d'une épingle; les trous devront être très nets et très rapprochés. Appliquez cette carte ainsi préparée du côté de l'écriture sur les feuilles de buvard imprégnées d'encre. Vous n'aurez qu'à mettre des feuilles de papier et de presser vigoureusement pour que les mots tracés se reproduisent en pointillé sur votre papier. Si les trous d'épingles ont été bien faits, vous pouvez tirer ainsi un certain nombres d'épreuves.

On peut fixer les feuilles de buvard et la carte type sur une planchette à l'aide de clous à dessin, dits punaises.

# UN ARC A PLUMES

Fabriquer un arc avec une baleine de corset et des

11

siner une mire avec deux ou trois cercles concentriques, n'offrent pas de difficultés, n'est-ce pas? Pour
les flèches, divisons en deux parties une plume d'acier

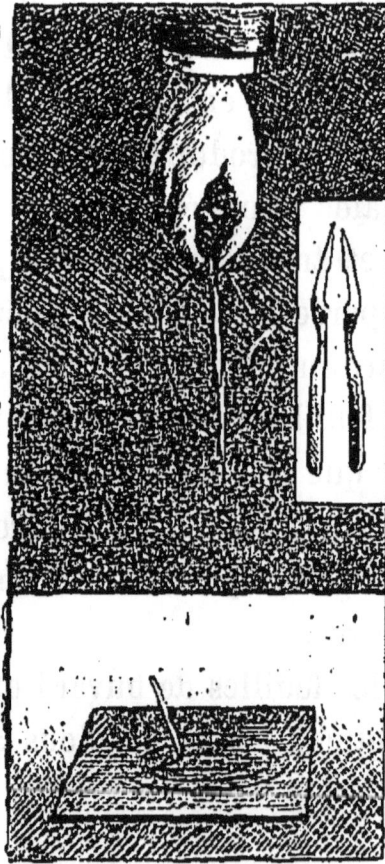

Fig. 101. — Un arc à plumes.

de celles appelées *plume-lance;* fixons chaque partie à
l'extrémité d'une allumette et nous avons ainsi un tir
de salon, inoffensif et suffisamment récréatif pour
assurer... la tranquillité des parents.

## THÉATRE MAGIQUE

Il est de toute nécessité pour rendre l'illusion complète de dessiner et de découper dans un carton une façade de théâtre.

Fig. 102. — Théâtre magique.

Suivant les talents et l'habileté de l'exécuteur le théâtre sera bien ou passable, peu importe du reste.

Derrière la toile (c'est une figure) on dispose sur une lampe à alcool un petit poêlon dont l'intérieur est soigneusement huilé. On y jette quelques morceaux de caoutchouc coupés très menus. Lorsque le tout est en ébullition et que le caoutchouc commence à fondre, on jette vivement dans le poêlon un cuillerée d'eau froide.

Aussitôt de nombreuses étincelles se forment et sautent de tous côtés ressemblant à un bouquet de feu d'artifice.

## LE BOUCHAGE HERMÉTIQUE

Combien de fois vous est-il arrivé d'avoir à boucher un flacon, une bouteille et n'avoir à votre disposition qu'un bouchon beaucoup trop gros pour entrer dans le goulot? Qu'avez-vous fait?... vous avez coupé les côtés du bouchon et n'avez qu'imparfaitement obtenu le but désiré.

Lorsque pareille chose se présentera, détournez comme ceci la difficulté : Au lieu des côtés attaquez-vous à tout le bouchon et faites quatre entailles en biseau comme l'indique la figure. Ainsi disposé votre

Fig. 103.— Le bouchage hermétique.

bouchon fermera hermétiquement fioles et flacons
d'une manière sûre et certaine.

~~~~~~~~

## LA VÉGÉTATION RAPIDE

Une éponge bon marché suffit pour obtenir une
suspension d'appartement; vous la plongez dans

l'eau chaude, vous la pressez de manière à l'é-

Fig. 104. — La végétation rapide.

goutter à moitié, puis dans les trous, les pores de

l'éponge, vous introduisez des graines de millet, de trèfle rouge, d'orge, de lin, de graminées, etc. On mettra en général les espèces de plantes germant facilement et autant que possible donnant des feuilles de différentes nuances. L'éponge étant ainsi préparée, on la place sur un vase ou sur une coupe, où mieux on la suspend à l'embrasure d'une fenêtre, où le soleil donne une partie du jour. Tous les matins, pendant une semaine, on l'arrose en pluie légère sur toute la surface. Bientôt les graines germent, poussent, et en peu de temps l'on a une boule de verdure qui orne fort bien un appartement.

## BANDE ÉCONOMIQUE POUR JOURNAUX

Ne jetez plus vos vieilles enveloppes, conservez-les et vous pourrez les utiliser pour faire d'une façon économique des bandes pour journaux ou imprimés.

Coupez l'enveloppe, ainsi qu'il est indiqué sur la fig. 105, c'est-à-dire sur les deux côtés latéraux, afin qu'on puisse la déplier comme l'indique la fig. 106. Cela fait, vous pouvez la retourner et la coller par-

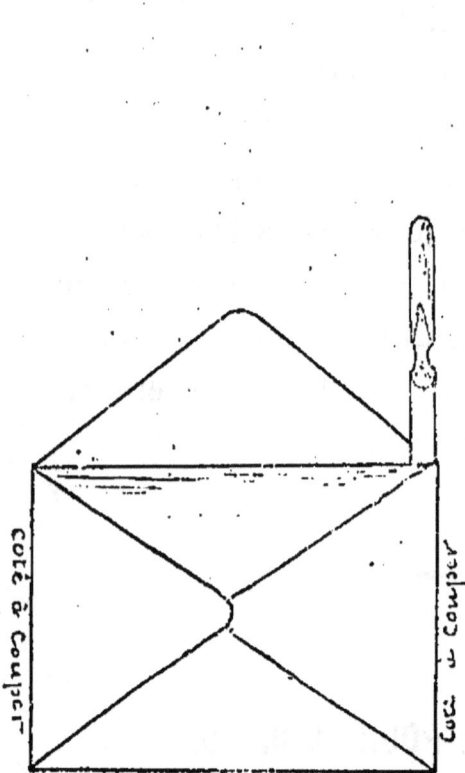

Fig 105. — Côtés de l'enveloppe
à couper.

Fig. 106. — L'enveloppe
dépliée.

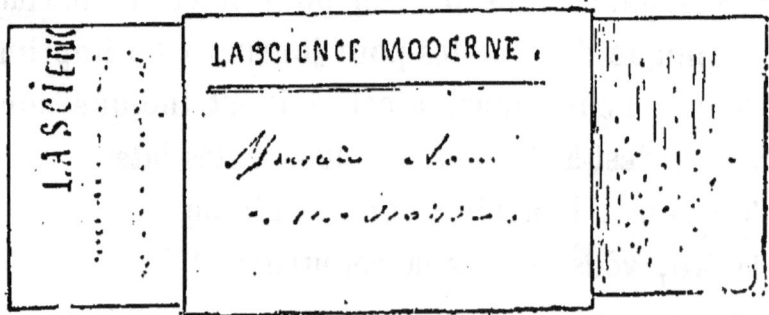

Fig. 107. — L'enveloppe transformée en bande pour journal.

dessus le journal intercalé au milieu. Cette enveloppe
constituera ainsi une bande solide et bon marché.

~~~~~~~~

## POUR BOUCHER UN TROU DANS UNE ÉTOFFE

Nous avons à boucher un trou fait dans une étoffe
dont l'endroit et l'envers ne sont pas pareils. On a
pu découper un triangle A B C dans une partie de
l'étoffe, mais on l'a fait de telle façon qu'il ne peut
boucher le trou que retourné. Que faire? Il s'agit

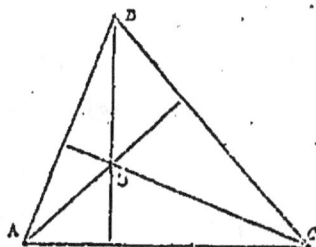

Fig. 108. — Boucher un trou dans une étoffe.

tout simplement de *retourner* le triangle, en le
découpant en trois autres triangles ayant leur
sommet en O, point de rencontre des hauteurs des
triangles C O B, B O A et A O C. Ces trois triangles
réunis couvriront exactement l'espace A B C.

## LA MARCHEUSE AUTOMATIQUE

Tous les ans, dans les premiers jours de l'année, les marchands de jouets exhibent au public, ce que leur imagination et leur adresse leur a permis d'exécuter. Nous en avons retenu quelques-uns qui reposent sur une interprétation tout à fait habile et pratique des principes de mécanique. C'est d'abord un pantin en métal figurant une femme en robe courte. Dans les mains du pantin est passé une tige de fer, recourbée en forme de V renversé comme l'indique notre dessin. Par suite de cette disposition, le pantin se tient debout lorsqu'on le pose sur un support. Maintenant si vous le posez à l'extrémité supérieure de la planchette supportée par deux montants en métal mince et dont l'un est plus bas que l'autre, afin de donner une inclinaison voulue, vous voyez le pantin s'avancer en portant en avant alternativement chacune de ses jambes imitant absolument les mouvements d'une personne qui marcherait sans plier les genoux. Ce résultat est obtenu sans le secours d'aucun mécanisme mais par une simple, disposition que nous allons expliquer.

Pour faire avancer le pantin sur la planchette, il faut lui imprimer au départ une légère secousse dans

Fig. 169. — La marcheuse automatique.

le sens *latéral;* cette secousse, amplifiée par le balancier, fait pencher la marcheuse tantôt à droite,
tantôt à gauche. Or, au moment où elle penche d'un
côté, tout le poids du corps se porte sur la jambe
qui se trouve du même côté et l'autre n'appuyant
plus sur la planchette se trouve portée en avant naturellement; l'oscillation continuant, cette jambe se
trouve alors supporter le poids du corps à son tour
et c'est l'autre qui est projetée et ainsi de suite. Rien
n'est plus curieux que d'assister à la marche de ce
pantin et pour les personnes ignorant la construction
de ce jouet, la marcheuse semble renfermer un mécanisme compliqué, tandis qu'elle est construite sur
le principe qui nous fait marcher nous-mêmes.

## L'ÉCUYÈRE

Le jouet appelé par son auteur l'*Écuyère* constitue
un objet des plus curieux dans le genre pourtant si
exploité des jouets d'enfant.

Qu'on se représente un pivot lourd dont l'axe est
revêtu d'une douille pouvant tourner librement autour de lui. Cette douille soutient à l'aide de deux
bras une toupie, également lourde, formant volant,

dont l'extrémité inférieure de l'axe vient s'appuyer à

Fig. 110. — L'écuyère.

frottement contre la paroi inclinée du socle. L'autre

bout de l'axe est surmonté d'une roue en bois à joue pour permettre l'enroulement de la ficelle destinée mettre en mouvement le volant. Voilà le moteur qu va faire agir l'Écuyère.

A la douille est relié le cheval par une tige hori zontale autour de laquelle il peut osciller. Entre se pieds de derrière est fixée une petite roue excentré qui imprime à l'animal une série de soubresauts des tinés à rendre l'illusion d'un cheval qui galope. Pa une autre tige, l'écuyère est reliée également à l douille. Cette tige vient s'emboîter dans un disqu placé verticalement, le contourne et se termine pa un crochet formant bouton qui repose sur la surfac du sol. Le poids seul de l'écuyère suffit pour main tenir la tige contre une came qui entoure l'axe cen tral du pivot. Le disque vertical qui supporte l'écuyèr peut osciller autour de son axe. La came porte u ergot qui se trouve un peu en avant de l'obstacle pa dessus lequel la poupée doit sauter.

Le mouvement étant donné à la toupie, celle-ci s trouve entraînée par friction autour du socle et ell communique son mouvement à la douille centrale qui à son tour entraîne l'écuyère. Le butoir s'appuyan sur la came rencontrera l'ergot qui fera redresser l tige soulevant l'écuyère, et celle-ci franchira leste ment l'obstacle, pour retomber sur son cheval. O l'intelligence de l'inventeur s'est exercée, c'est dan les mouvements secondaires. Ainsi il a donné à la came, un peu avant l'ergot, un rayon plus faible : il s'ensuit qu'au moment de se redresser pour sauter, l'écuyère s'incline légèrement en avant comme si elle voulait prendre son élan. Le cheval ne se contente pas de tourner; grâce à la petite roue excentrée dont nous avons parlé plus haut, il a une suite de mouvements rappelant ceux des chevaux lancés au galop.

Notre gravure fera saisir l'ensemble de ce jouet ingénieux, qui est une merveille de la petite industrie.

## L'ÉLÉPHANT MÉCANIQUE

L'éléphant mécanique emprunte ses moyens de locomotion à la puissance vive d'un volant animé d'une grande vitesse angulaire. C'est le parasol surmontant la tête du cornac qui, au moyen d'une ficelle, joue l'office de volant animé; son axe, presque vertical, vient s'appuyer sur la circonférence d'une roue légèrement conique, dont l'axe est horizontal. Sur cet axe sont deux manivelles que viennent rejoindre, de chaque côté, deux bielles qui relient les jambes de

Fig. 111. — Coupe montrant le mécanisme.

Fig. 112. — Ensemble de l'éléphant.

l'éléphant et leur impriment un mouvement alter-
natif; les manivelles sont disposées de telle sorte que
les deux jambes du même côté oscillent en sens
inverse et en opposition avec les deux autres.

Pour obtenir que chaque jambe reste immobile sur
le sol, dans le mouvement d'arrière en avant, l'inventeur a disposé un petit galet muni d'un frein à
bille dans chaque jambe. Lorsque le mouvement a
lieu en avant, le galet roule sur le sol; dans le cas
contraire, la bille se met entre la paroi intérieure de
la jambe et du galet et empêche celui-ci de tourner.

La marche de l'animal est absolument régulière.
Lentement les jambes de gauche alternent avec celles
de droite et donnent un léger balancement à tout
l'appareil, qui imite parfaitement la marche lourde
du puissant pachyderme.

## LA TOUPIE JET D'EAU

Voici une curieuse application du mouvement
giratoire dans un milieu liquide.

Une simple toupie très lourde dont l'axe est traversé par un conduit très fin, avec un pas de vis intérieur terminant la partie inférieure de l'axe, tel est

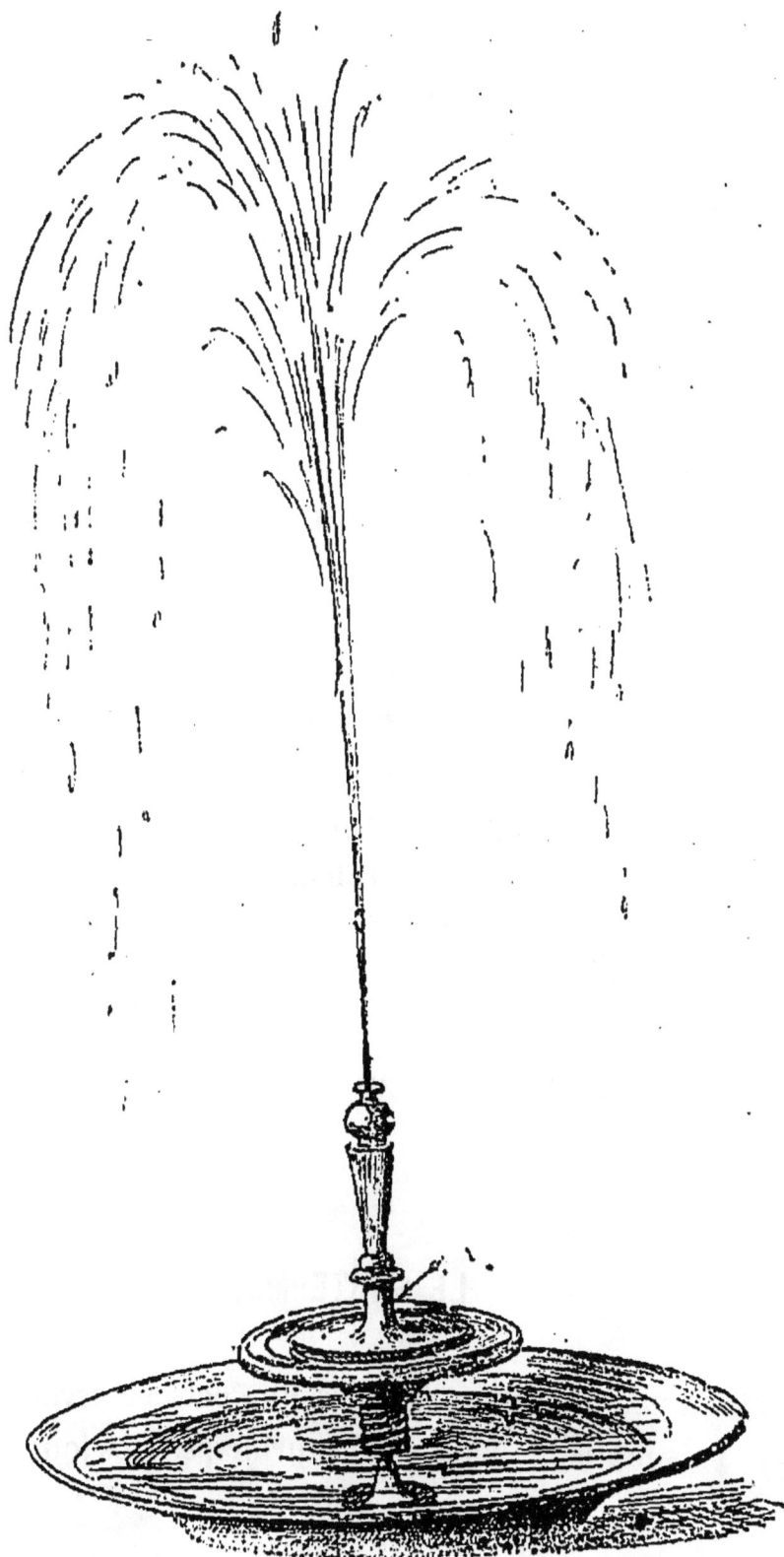

l'instrument qui va nous servir à faire un jet d'eau chambre et, encore mieux, à imiter une fonta' lumineuse.

Pour arriver à ce résultat, il ne s'agit que de donr un fort mouvement de rotation à la toupie, au moy d'une ficelle enroulée suivant le sens indiqué par flèche, ensuite de poser la toupie en mouvement s une assiette remplie d'eau propre, de façon que niveau de l'eau arrive jusqu'à la moitié du pas de v Au moyen d'un pied indépendant muni d'un me ceau de drap pour maintenir l'adhérence au fond l'assiette, la toupie se tiendra droite et tournera s ce pied. Le mouvement du pas de vis donnera na sance à un tourbillon ascendant qui pénétrera da l'axe de la toupie et un jet d'eau sortira en s'éleva jusqu'à un mètre de hauteur.

En mettant quelques gouttes d'un liquide colora (encre rouge, bleue, par exemple) et en faisant l'e périence le soir à la lumière, on aura le spectac d'une fontaine lumineuse.

## LE SAUTE-MOUTON

Encore un jouet, encore une petite merveille da sa simplicité ! Basé sur les principes des jouets de

Fig. 114. — Le saute-mouton.

genre que nous avons déjà décrits, le saute-mouton
se compose d'un socle portant une roue horizontale
dont la circonférence est légèrement molletée. L'axe
supporte, à l'aide de bras, un disque pesant dont l'axe,
monté horizontalement, porte d'un côté sur une
roue verticale et de l'autre est terminé par une petite
bobine entourée de caoutchouc.

L'axe de la roue verticale est prolongé et porte
à son extrémité deux petits bonshommes représentant deux enfants dont le corps peut se plier en
deux.

Pour mettre cette petite machine en mouvement, il
suffit, à l'aide d'une petite baguette maintenue dans
un manche, qu'on voit figurer sur le dessin, de frotter
vivement, en tirant à soi, la petite bobine montée sur
e même axe que le disque, pour imprimer à celui-ci
un mouvement rapide de rotation. Ce mouvement est
communiqué à la roue verticale à l'aide de l'autre
extrémité de l'axe, terminée en vis sans fin ; la roue
verticale se trouve donc prise entre deux frottements ;
elle imprime un mouvement aux deux pantins, qui
sautent alternativement l'un au-dessus de l'autre. Le
bras qui les porte entre au-dessous de l'épaule, et
cette ouverture est longitudinale, ce qui fait que le
support peut glisser de haut en bas dans cette ouverture. Il s'ensuit que le pantin touchant terre, se
baisse légèrement et imite ainsi parfaitement le mou-

rement de l'écolier se pliant en deux pour laisser
passer par-dessus lui son camarade.

~~~~~~~

## LES BOXEURS

Notre chapitre des merveilles de la petite industrie
va se terminer par un jouet bien curieux.

Ce sont deux boxeurs qui s'exercent et qui font un
véritable match. Le mécanisme, comme dans la plu-
part de ces jouets, est des plus simples.

Une tige horizontale figurée en bas du dessin sert
de balancier. Elle est reliée à un bras par un axe qui
supporte un échappement. Le mouvement est donné
par un fort élastique que l'on tord à l'aide de la ma-
nivelle extérieure; cet élastique, en se détendant, fait
tourner une roue dentée qui engrène avec l'échappement.

Un pied de chaque boxeur est fixé sur un axe vertical replié en Z; les deux axes sont reliés par une
bielle qui leur fait exécuter les mêmes mouvements.
L'un des axes a le bras prolongé jusqu'à l'extrémité
du balancier horizontal; il se produit donc, chaque

fois que la roue dentée tourne, un mouvemen. de

va-et-vient qui se communique aux deux boxeurs.

Comme ceux-ci n'ont que le pied de pris et que les trois autres membres sont rendus mobiles grâce à un caoutchouc, il s'ensuit qu'à chaque mouvement les membres exécutent une suite de gestes très curieux et bien appropriés à la scène représentée par ce jouet.

## UN TOUR A LA ROBERT HOUDIN

Cette récréation peut ne pas paraître avoir un caractère scientifique au premier abord, cependant elle repose presque tout entière sur une illusion d'optique, ainsi que vous pourrez le constater lorsque vous l'exécuterez devant plusieurs personnes, qui ne se rendront pas compte de la façon dont ce tour s'accomplit.

Vous vous faites attacher les deux poignets par un lien quelconque (de préférence un foulard de soie), les paumes de la main l'une contre l'autre, les doigts allongés. Puis vous priez que l'on vous passe entre les deux poignets, par-dessus le foulard, une cordelette assez forte, sans aucun nœud, et assez longue, 4 ou 5 mètres au moins. Vous faites prendre à une personne les deux extrémités de la corde, et vous lui recommandez de tirer fortement à elle. Ainsi préparé vous annoncez que, sans couper la ficelle, sans qu'on lâche l'une des extrémités, en restant les poignets attachés, vous allez vous débarrasser de cette cordelette. Il semblera à tout le monde que c'est impossible.

Pour y arriver, vous repliez l'une de vos mains en

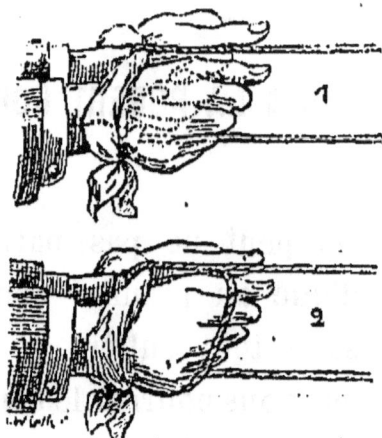

Fig. 116. — Disposition des mains.

dedans et du doigt majeur vous saisissez la boucle de la corde restée tendue (fig. 116-1) ; ensuite, vous faites quelques pas en avant pour détendre la corde et vous passez la boucle par-dessus vos doigts. Puis vous recommandez de nouveau à la personne qui tient les extrémités de tirer à elle, et la corde sortira toute seule. Effectivement, la boucle aura glissé entre le lien et le dessus de votre main (fig. 116-2).

Pour que l'on ne s'aperçoive pas du mouvement de vos doigts, il faut, pendant l'opération, agiter vos mains vivement en tous sens afin que les spectateurs ne puissent voir ce que vous faites.

～～～～～

## LA FUSÉE POPULAIRE

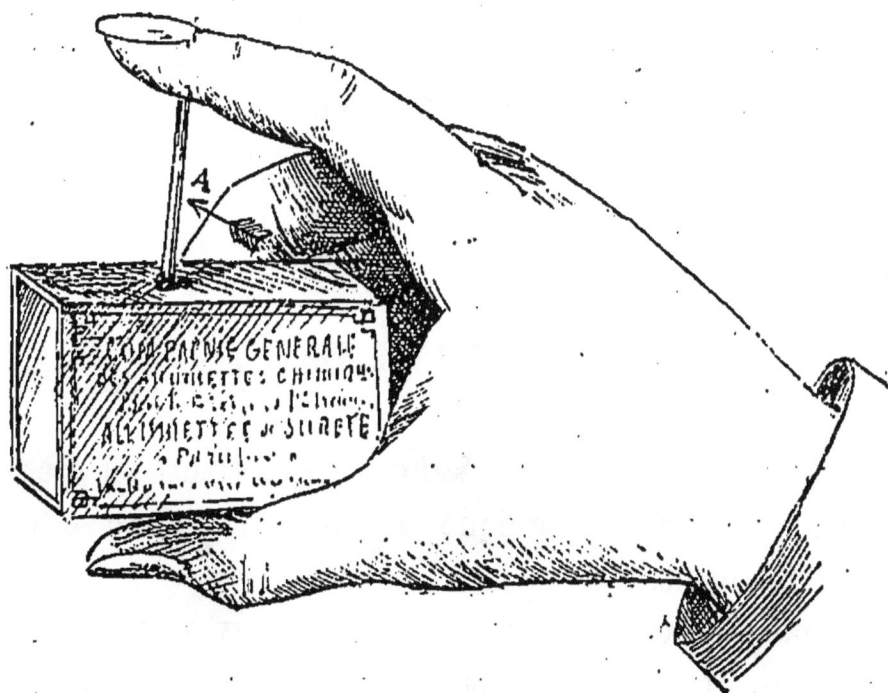

Fig. 117. — La fusée populaire.

Comme ustensile, une simple boîte d'allumettes

suédoises. Otez une allumette et prenez la position
indiquée par la figure, c'est-à-dire tenez la boîte
un peu de biais entre le pouce et l'index et placez
une allumette la tête contre le côté, où il y a
l'émeri destiné à la friction. Appuyez d'une force
moyenne sur l'allumette; avec la main restée libre,
donnez une bonne chiquenaude à l'allumette en A,
dans la direction indiquée par la flèche, vous verrez
le bout de bois filer en brûlant et aller s'abattre à
3, 4, 5 et même 6 mètres.

Avec un peu d'exercice, on réussit à chaque coup.

C'est très joli, surtout la nuit dans l'obscurité
complète, et cela a tout à fait l'air de petites fusées.

## LA LIGNE DE TIR

Voici une petite récréation très curieuse et très
facile à réussir, quoique au premier abord elle
semble difficile :

Vous retournez un verre et vous fixez dessus verticalement, au moyen d'une mie de pain, une allumette. Sur le bord de la table vous posez une autre
allumette, dont une partie sera soulevée par un support quelconque, un bout de bouchon, etc. Vous

vous baissez et visez l'allumette verticale qui
est sur le verre, de manière que celle posée sur la
table soit dans la même ligne exactement. Lorsque
vous jugerez qu'elle est bien placée, au moyen d'une
pichenette sur l'extrémité inférieure de l'allumette,

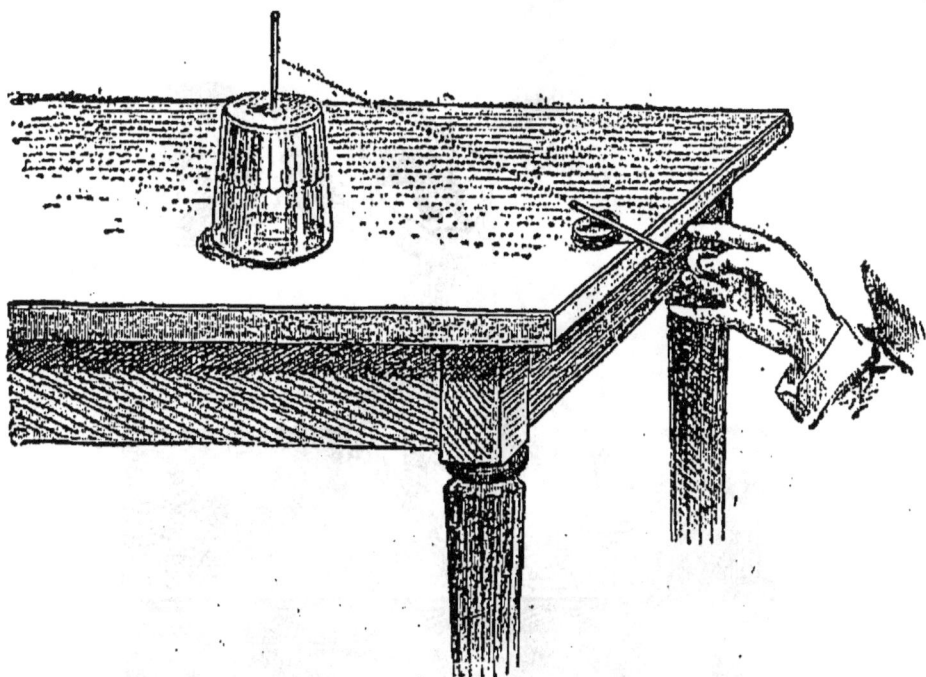

Fig. 118. — La ligne de tir.

vous la lancez, et celle-ci viendra atteindre le but
vertical que vous aurez posé au-dessus du verre.

Si vous réussissez bien cette expérience, vous
pourrez vous vanter de bien savoir prendre la ligne
de mire; ligne qui vaut pas mal de théories supplé-
mentaires aux jeunes conscrits.

## LA PIÈCE ENCHANTÉE

Si vous exécutez en règle le petit tour suivant,
vous aurez un joli succès comme escamoteur.

Fig. 119. — La pièce enchantée.

Munissez-vous comme ustensiles d'un verre à boire
à fond plat (c'est essentiel, et à pied si c'est possible),

d'un mouchoir de poche et d'une pièce de monnaie, et en secret d'un verre de montre ou d'un jeton en verre assez gros.

Maintenant, faites voir à toute l'assemblée que vous mettez une pièce de monnaie (de 2 francs, par exemple) au milieu du mouchoir, et rabattant les deux côtés de ce linge, faites constater que la pièce est toujours à sa place. Priez même, pour faire le généreux, une personne de tenir entre ses doigts cette pièce qu'elle sent dans le mouchoir; puis, mettez dessous un verre avec un peu d'eau et commandez alors : lâchez tout ; on entend le bruit de la pièce qui tombe au fond du verre. Vous reprenez vos ustensiles et les développez devant tout le monde. Grande stupéfaction. Il n'y a rien dans le verre. C'est bien simple : toute votre science est de subtiliser adroitement la pièce de monnaie, au moment où vous la mettez sous le mouchoir, et à la remplacer par le verre de montre ou le jeton en verre. En tombant, l'un ou l'autre produira le même son qu'une pièce de monnaie.

## UNE CATAPULTE MINUSCULE

Prenez une boîte d'allumettes suédoises, placez-la
sur champ ; engagez entre les parois de la boîte proprement dite et l'enveloppe qui forme tube deux
allumettes, le bout phosphoré à l'extérieur. Il faut

Fig. 120. — Une catapulte minuscule.

les enfoncer suffisamment pour qu'elles soient solides. Placez une troisième allumette horizontalement

entre les deux autres, de manière qu'elle soit tenue
par la pression que ces dernières exercent dans l'effort qu'elles font pour reprendre la position verticale
dont elles ont été dérangées. Il faut observer, pour la
réussite de l'expérience, que l'allumette horizontale
soit de 3 ou 4 millimètres plus grande que l'écartement qui existe entre les deux allumettes verticales.

Allumez maintenant le milieu de l'allumette horizontale et attendez. Que croyez-vous qu'il va se
passer? Le feu va gagner tout le bout de bois et enflammer les deux autres allumettes ou tout au moins
celle qui unit les deux extrémités phosphorées?

Eh bien, pas du tout; lorsque le feu aura diminué
le volume de l'allumette en ignition et, par suite, sa
rigidité, la force de résistance diminuant au fur et à
mesure que la combustion s'effectue, il arrivera un
moment où les allumettes verticales qui tendent à
reprendre leur position primitive projetteront dans
l'espace l'allumette horizontale devenue flexible en
son milieu et non consumée aux extrémités. Les deux
allumettes resteront seules avec... leur honneur
intact.

## LES QUATRE ALLUMETTES

Puisque nous parlons. d'allumettes, citons encore la récréation que l'on peut faire à l'aide de quatre allumettes. Elles peuvent même être de la régie, car il n'est pas nécessaire qu'elles *prennent* pour la bonne exécution du tour.

Sur deux allumettes, pratiquez à l'extrémité de la partie non soufrée une petite entaille, de façon que ces deux extrémités puissent s'emboîter l'une dans l'autre. Écartez légèrement les deux morceaux de bois de manière à obtenir un angle ; posez-les verticalement sur une table et contre ces deux allumettes appuyez-en une troisième de manière à obtenir un chevalet, se tenant seul, ce qui du reste est facile. Maintenant il s'agit, avec la quatrième allumette, d'enlever le tout pour le transporter plus loin, sans rompre l'harmonie de cette petite construction. Au premier abord cela peut paraître impossible ; pourtant on y arrive aisément. Il suffit de glisser entre les deux allumettes tenues ensemble par leur extrémité et l'allumette servant de support, notre quatrième bout de bois phosphoré ; en appuyant légè-

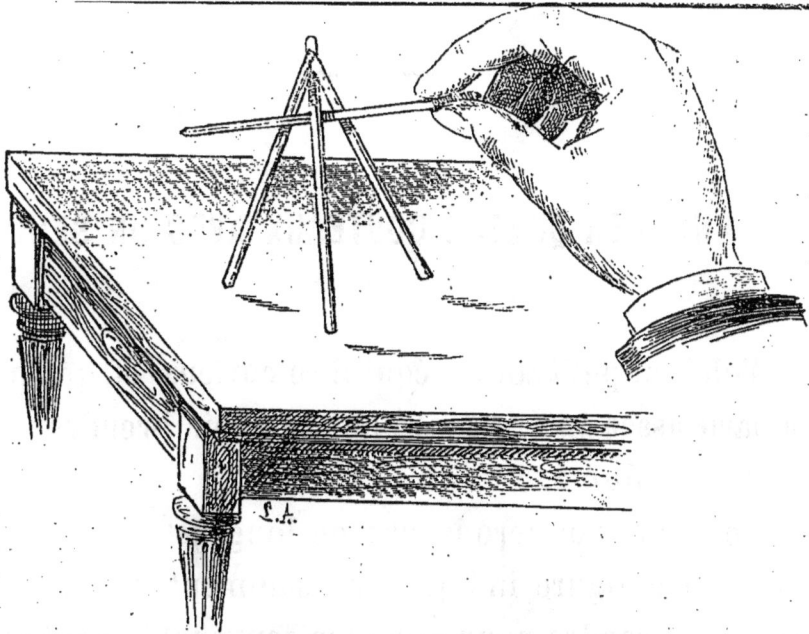

Fig. 121. — Les quatre allumettes.

rement contre les deux premières allumettes, la troisième glissera et viendra mettre son extrémité supérieure entre l'angle formé par les deux autres. En enlevant vivement, cette extrémité se trouvera maintenue et vous pourrez alors, comme il était annoncé au commencement, transporter ce petit chevalet à une autre place.

~~~~~~~~~

## ENLEVER QUATRE COUTEAUX AVEC UN SEUL

Voici un petit tour d'équilibre curieux et qui nous a paru assez intéressant pour pouvoir prendre place dans ce volume.

Nous ne donnerons pas de longues explications, car notre figure indique suffisamment comment il faut s'y prendre pour exécuter convenablement cette récréation.

Posez d'abord un couteau droit devant vous, puis deux autres que vous mettrez lame sur lame par dessus le premier; enfin deux derniers couteaux disposés transversalement, dont les lames soient passées sur les lames des deux couteaux placés en second lieu et en dessous de la lame du couteau posé le premier.

En prenant le manche du premier couteau vous en-

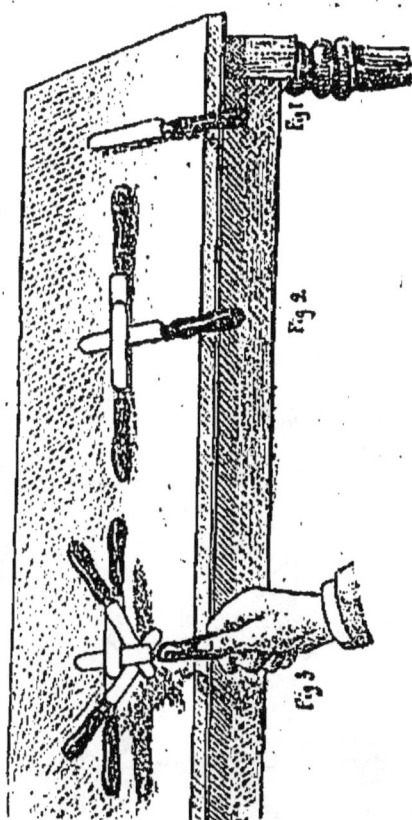

Fig. 122. — Le tour des quatre couteaux.

levez d'un coup tout l'ensemble sans rompre l'équilibre.

## LE POIS SAUTEUR

Prenez une paille de 15 à 20 centimètres de lou-
gueur et 3 ou 4 millimètres de diamètre intérieur,
non cassée et formant tube.

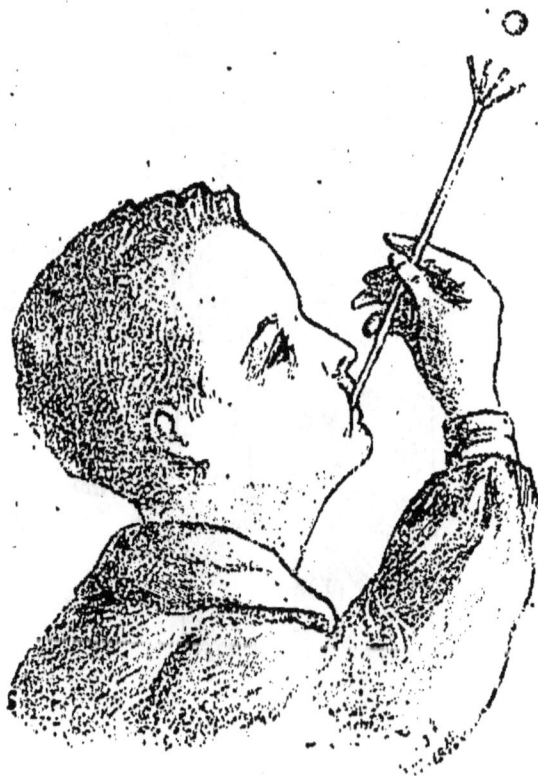

Fig. 123. — Le pois sauteur.

Divisez l'un des bouts sur une longueur de 15 millimètres environ en quatre ou cinq parties que vous

écarterez légèrement, de manière à former un cône
tronqué.

Le bout de la paille ainsi préparé, prenez un pois
vert d'un diamètre supérieur à celui de la paille et
logez-le dans le cône. Tenez le tube d'aplomb et souf-
flez à la partie opposée.

Aussitôt le pois sera repoussé en l'air par la colonne d'air que vous aurez introduit dans le tube. Le
pois restera en l'air tant que durera la poussée intérieure, puis retombera dans les branches du cône.
Pour varier cette expérience, on peut traverser le pois
par une épingle dont on met la pointe dans le tube.
Si le pois est bien lancé, il se maintient à une distance de 10 à 12 centimètres de l'orifice de la paille;
selon que la poussée d'air est plus ou moins forte, le
pois monte ou descend.

## PROBLÈME DE DAMES

Sur un échiquier disposez huit pions de manière
qu'il n'y ait qu'un seul pion sur chaque ligne horizontale, perpendiculaire et diagonale.

Le premier pion doit être mis sur la troisième case

du haut; le second sur la sixième case du bas, ce qui donne $3 + 6 = 9$.

Le troisième pion sur la cinquième case de la deuxième rangée verticale, et le quatrième sur la quatrième case de l'avant-dernier rang, ce qui nous donne aussi $5 + 4 = 9$.

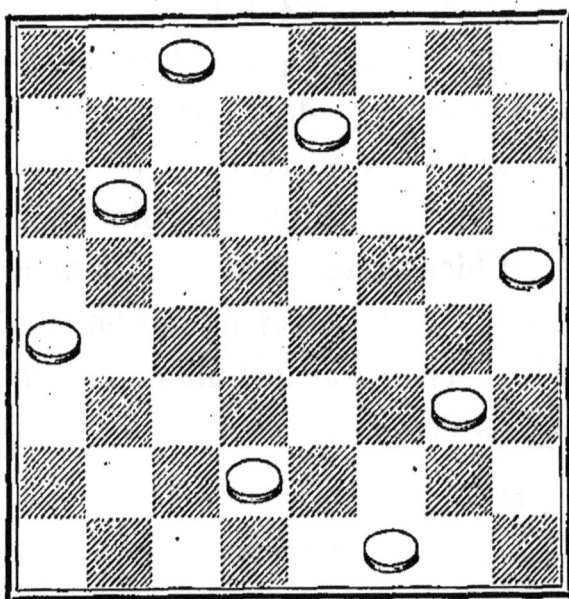

Fig. 124. — Problème des 8 pions.

Le cinquième pion sur la deuxième case de la troisième rangée, et le sixième sur la sixième rangée dans la septième case, ce qui donne encore $2 + 7 = 9$.

Enfin, le septième pion sur la huitième case de la quatrième rangée, et le huitième pion sur la pre-

mière case du rang au-dessous, ce qui donne toujours $8 + 1 = 9$.

On arriverait sans doute, en cherchant beaucoup, à
les placer ainsi; mais cette solution nous a paru
curieuse, et c'est pourquoi nous l'insérons.

~~~~~~

## L'OMBROMANIE

Récréations très faciles à faire le soir à la veillée.
Si vous avez une certaine souplesse de mains vous
pourrez faire ces ombres en disposant les doigts
comme l'indiquent les figures ci-contre. Dans le cas
contraire, vous n'aurez qu'à découper les contours
dans une carte de visite ou un carton et vous obtiendrez les mêmes résultats; seulement avec les cartes
découpées vos ombres seront immobiles, tandis
qu'avec vos mains, en faisant jouer les doigts vous
animerez les sujets représentés. Avec un peu d'exercice, vous arriverez certainement à une certaine
habileté et vous pourrez composer d'autres sujets, car
dans cet ordre d'idées, le champ est vaste et vous
pouvez l'exploiter à votre aise. Nous n'avons signalé
que les ombres les plus simples et les plus com-
modes à réaliser.

Fig. 125. — Le Lapin.

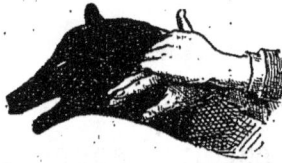
Fig. 126. — Le Loup.

Fig. 127. — Le Cygne.

Fig. 128. — La Chèvre.

Fig. 129. — Le Bouc.

Fig. 130. — Le Coq.

Fig. 131. — Le Clown.

Fig. 132. — Le Facteur rural.

Fig. 133. — Le Chien.

# LE MOT ET LA CHOSE

On rencontre souvent dans une suite de mots exprimant des idées contraires, une même syllabe. On peut s'exercer à rechercher ces curiosités et nous allons terminer ce volume en citant un exemple :

Tous les objets, choses, actions, etc., dont le nom contient la syllabe *che* ont dans leur forme imagée quelque chose qui se ressemble. Ainsi nous allons passer en revue quelques mots qui feront ressortir cette ressemblance :

Deux ou plusieurs points pris à distance concourent à porter un ensemble, ainsi :

1° Deux rives ou deux piliers portent le tablier, d'où l'*arche* d'un pont.

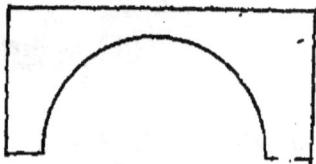

Fig. 134. — L'arche d'un pont.

2° Dans la marche, les piliers sont remplacés par les jambes, qui concourent à porter le corps en avant.

Fig. 135. — La marche.

Lorsque je marche,
Mes jambes font
Et refont une arche,
Tout comme un pont.

3° Prenons l'archet d'un violon ; vous verrez que notre figure che entre dans la construction de cet

Fig. 136. — L'archet.

instrument indispensable au violoniste. Cette figure entre du reste dans la disposition d'édifices considérables ; nous avons eu l'arche de Noé, l'arche d'al-

liance; enfin la tour Eiffel est soutenue par quatre
piliers qui constituent quatre arches gigantesques.

Dans l'archet, il y a les deux points qui portent les
crins et qui constituent l'arche.

4° Un arc nous présente ces deux points pris à distance, mais n'est pas absolument dans notre ordre
d'idée, car on sait que l'arc-en-ciel ne repose pas sur
ses extrémités.

Fig. 137. — L'arc.

5° Mais on peut faire une arche d'un arc, et nous
avons l'archer, celui qui se sert de cet instrument. Il
fait porter une corde par les deux extrémités de l'arc
pour pouvoir envoyer sa flèche.

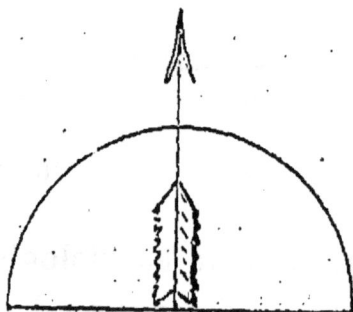

Fig. 138. — L'arc.

6° Les lévites étaient les piliers de l'arche d'alliance des Hébreux. On retrouve cette désinence dans *charpentiers*, ouvriers qui portent des poutres et font une *arche* d'alliance (momentanée).

7° Nous retrouvons nos deux piliers dans la fourche.

Fig. 139. — La fourche.

8° En déjeunant nous nous servons de notre fourchette, et sans elle nous ne saurions pas trop comment manger notre côtelette.

Fig. 140. — La fourchette.

9° Qu'est-ce qu'un mouchoir de coton, de fil, de soie? La doublure de celui dont se servait notre premier père, qui se pressait, pour se moucher, le nez entre le pouce et l'index. Pouce et index, voilà nos deux piliers retrouvés; nous les voyons encore dans les mouchettes, qui servent à moucher la chandelle.

Fig. 141. — Les mouchettes.

10° La bouche humaine se compose de la lèvre inférieure et de la lèvre supérieure. Dans l'action de boucher, elles viennent porter l'une contre l'autre. Dans les bâillements leur énergie est inverse, et dans cette grande ouverture, que l'on ne peut toujours réprimer, on est obligé de faire de sa main une bouche, puisque la véritable intervertit son rôle.

Fig. 142. — La bouche.

11° Alors cette bou*che* est celle d'un four, notre main forme une ar*che* pour la bou*cher.*

12° Dans un bou*chon,* nous retrouvons la même idée. Les points portent sur les parois intérieures de la bouteille.

13° Un *chapeau* semble la figure renversée d'un bou*chon,* puisque notre tête sert de bou*chon* à notre *chapeau.* Est-ce pour cela que la politesse exige que nous soyons tête nue en visite ou en conversation? Afin de ne pas être le bou*chon* de notre *chapeau...* Peut-être?

14° Revenons sur le mot bou*che* pour prouver que notre connaissance de ce mot peut nous en faire apprendre d'autres.

Les matériaux dont on comblerait un puits en seraient la bou*che,* suivons le mouvement :

Nous jetons des matériaux dans le puits, cela le bou*che* un peu; nous continuons, le voilà bou*ché* à moitié; encore quelques efforts et il est bou*ché* tout à fait.

Ainsi de même pour le manger qui bou*che* l'estomac. Les aliments sont la bou*che* de ce viscère. Alors pourquoi n'appelle-t-on pas tous ceux qui fournissent les aliments, des bou*chers,* le boulanger, par exemple.

14

Pour celui-ci il y a une raison : c'est que pour les repas faits avec du pain sec, on ne sentirait pas l'estomac bien bouché. Dans un repas, il faut de la viande, c'est encore ce qui bouche le mieux notre estomac; d'où le boucher pour désigner le marchand de viandes, parce que c'est celui-là qui bouche le mieux notre estomac.

Fig. 143. — La broche (bijou).

15° Entrons maintenant chez le bijoutier. Savez-vous pourquoi on appelle tel bijou une broche ? Nous allons montrer que dans cet objet il y a encore notre figure che. La plaque qui orne ce bijou est une ornementation tout simplement. La broche est plus simple: Un petit bout de bois, un fil de métal fiché en deux points dans une étoffe constituent une broche. Le morceau de bois, le fil de métal se trouvent percés en deux points.

Fig. 144. — La broche (rôtissoire).

16° Passons à la cuisine, nous trouvons le gigot qui rôtit. Il y a là une broche; elle porte le morceau de viande et par deux points elle s'appuie sur les côtés de la cuisinière.

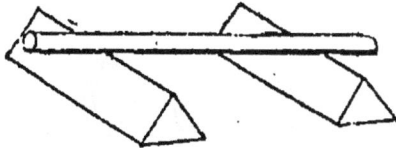

Fig. 145. — Les chenets.

17° Voyez les chenets de la cheminée; mettons-les à distance voulue et plaçons un morceau de bois dessus, voilà notre arche constituée.

18° Est cheval toute chose sur laquelle on est à cheval. C'est pourquoi il y a des chevaux de bois et pourquoi les sorcières aimaient courir jadis pour aller au sabbat à cheval sur leur manche à balais.

19° Le tranchant du rasoir ne présente pas de supports, mais il serait dangereux d'en faire un cheval, car il ferait alors des tranches. Le cheval nous présente de chaque côté de son épine dorsale un support pour notre postérieur, tandis que les côtés du rasoir portent d'une façon plus désagréable que les flancs de l'intéressant quadrupède:

20° Les murs, les poutres, les solives sont les points dans les plan*ch*ers.

21° Les plan*ch*es dans leurs divers emplois trouvent toujours des points sur lesquelles elles portent.

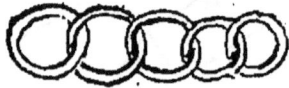

Fig. 146. — Les chaînons.

22° Dans une *chaîne*, nos points sont constitués par les anneaux; on les appelle *chaînons*.

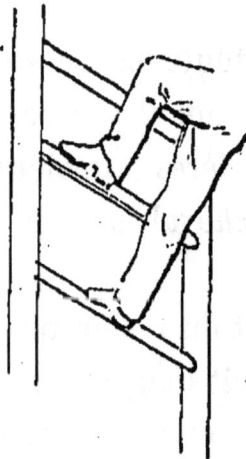

Fig. 147. — L'échelle.

23° Nous finirons par l'*échelle* qu'on a coutume de tirer en de certaines circonstances, et qui est une figure de rhétorique que nous allons nous appliquer. Les échelons placés de distance en distance portent le sujet dans la montée et dans la descente.

Et maintenant, comme nous l'annoncions, nous tirons l'échelle.

FIN

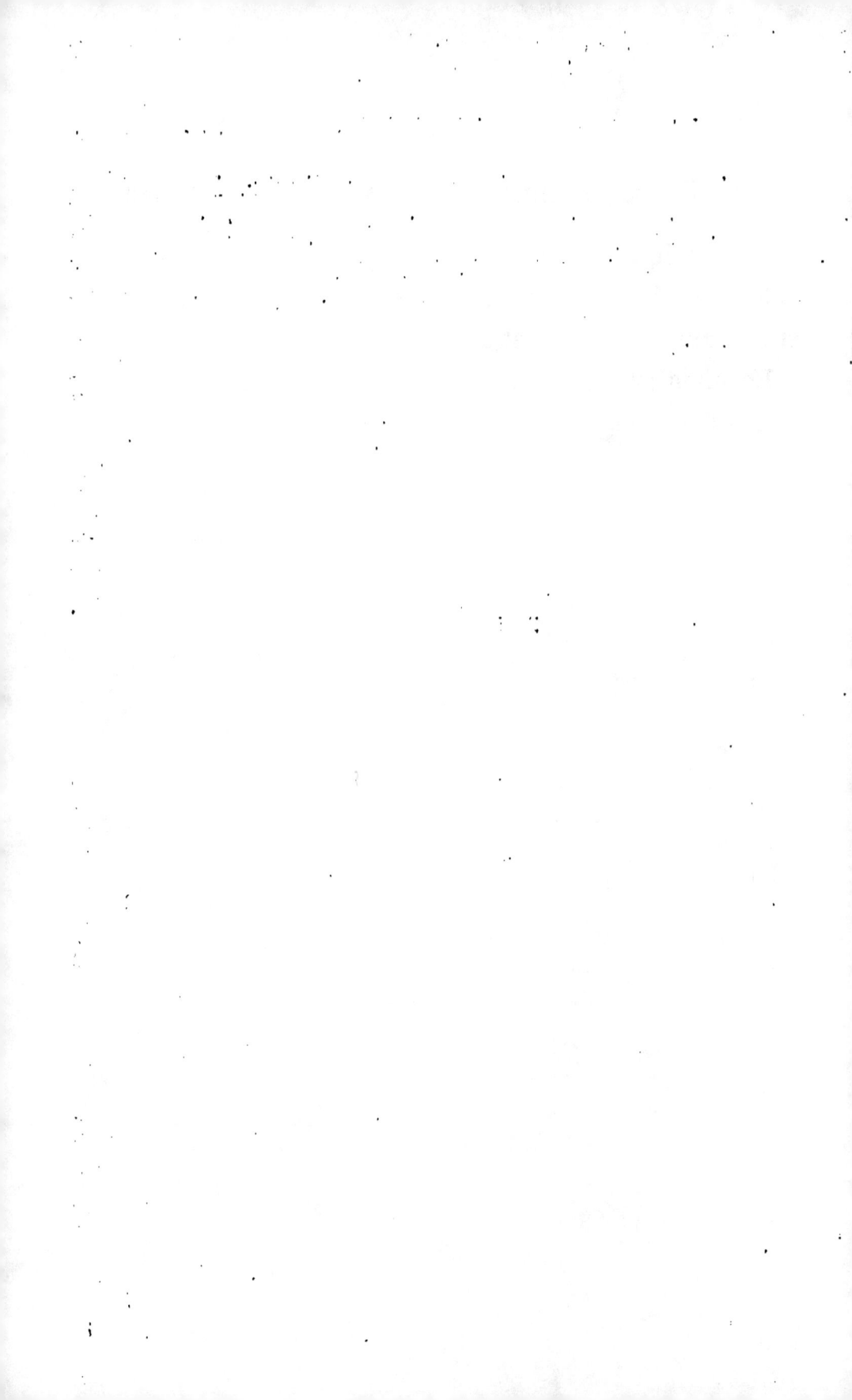

# TABLE DES MATIÈRES

———

## RÉCRÉATIONS

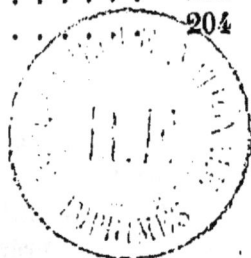

PARIS. — IMP. G. MARPON ET E. FLAMMARION, RUE RACINE, 26.

# BIBLIOTHÈQUE POUR TOUS
## *à 75 centimes le volume.*

Instruire en intéressant, tel est le but de la *Bibliothèq*
*pour tous.*- Dans cette nouvelle collection les lecte
trouveront tout ce qui peut plaire à un esprit curieux
avide de connaître :

Les grands tableaux de la nature, par nos savants
plus populaires; les connaissances utiles et agréables à
vie pratique, par un groupe d'auteurs spécialement choi
pour chaque sujet; les œuvres d'imagination, par r
romanciers les plus célèbres; des ouvrages sur l'indust
française et les nombreux métiers qui maintiennent no
pays à un si haut rang parmi les nations civilisées, etc., e

Des illustrations ornent ces volumes autant que cela
utile à l'intelligence du texte, malgré les sacrifices que (
dessins imposent à l'éditeur.

Le bon marché de cette collection lui assure un énor
succès.

La grande variété et le bon choix de ses auteurs
ouvrent toutes les portes, depuis le château jusqu'à la p
humble chaumière.

## VOLUMES PARAISSANT SUCCESSIVEMENT

**En jolie reliure spéciale : Prix 1 fr. 25**

PARIS. — IMP. C. MARPON ET E. FLAMMARION, RUE RACINE, 26.

www.ingramcontent.com/pod-product-compliance
Lightning Source LLC
Chambersburg PA
CBHW070517200326
41519CB00013B/2832